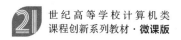
21世纪高等学校计算机类
课程创新系列教材·微课版

Java Web程序设计基础

微课视频版

程细柱 戴经国 / 编著

U0386778

清华大学出版社

北京

内 容 简 介

本书根据 MVC 模式思想，以 Web 开发流程的知识点为主线，向读者介绍 Java Web 开发技术。全书重点介绍 Java Web 开发平台、Servlet、JSP、过滤器与监听器、EL 表达式与 JSTL 标签库、Cookie 与 Session 会话技术、JDBC 数据库应用、MVC 设计模式等 Web 后端开发技术。其中，HTML 5 标签、CSS 技术以及 JavaScript 脚本语言等 Web 前端开发知识放在电子教材中。本书纸质教材共 11 章，电子教材共 2 章，除最后一章外，每章包括学习目标、主要知识点、思想引领、基本理论、实例分析、本章小结、实验指导、课后练习 8 方面的内容，书中以赞美祖国、描写幸福生活和歌颂党的诗词为实例，学习过程轻松愉快。

本书适合作为高等院校计算机相关专业的教材，也可作为 Web 开发人员的参考用书。全书配套丰富的教学资源。

图书在版编目（CIP）数据

Java Web 程序设计基础：微课视频版/程细柱，戴经国编著. —北京：清华大学出版社，2024.5
21 世纪高等学校计算机类课程创新系列教材：微课版
ISBN 978-7-302-65716-3

Ⅰ.①J…　Ⅱ.①程…　②戴…　Ⅲ.①JAVA 语言－程序设计－高等学校－教材　Ⅳ.①TP312.8

中国国家版本馆 CIP 数据核字(2024)第 051681 号

责任编辑：陈景辉　薛　阳
封面设计：刘　键
责任校对：胡伟民
责任印制：沈　霜

出版发行：清华大学出版社
　　　　网　　　址：https://www.tup.com.cn，https://www.wqxuetang.com
　　　　地　　　址：北京清华大学学研大厦 A 座　　　　邮　　　编：100084
　　　　社 总 机：010-83470000　　　　邮　　　购：010-62786544
　　　　投稿与读者服务：010-62776969，c-service@tup.tsinghua.edu.cn
　　　　质量反馈：010-62772015，zhiliang@tup.tsinghua.edu.cn
　　　　课件下载：https://www.tup.com.cn，010-83470236
印 装 者：三河市龙大印装有限公司
经　　销：全国新华书店
开　　本：185mm×260mm　　　　印　　张：17　　　　字　　数：425 千字
版　　次：2024 年 5 月第 1 版　　　　印　　次：2024 年 5 月第 1 次印刷
印　　数：1～1500
定　　价：49.90 元

产品编号：104025-01

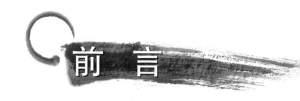

前 言

党的二十大报告强调"必须坚持科技是第一生产力、人才是第一资源、创新是第一动力,深入实施科教兴国战略、人才强国战略、创新驱动发展战略,开辟发展新领域新赛道,不断塑造发展新动能新优势"。

互联网飞速发展的今天,Java Web 已成为市场上主流的网站开发技术,它是软件工程、计算机科学与技术、网络工程等专业的专业必修课,是从事 Java Web 开发、云计算和大数据设计的相关人员必须掌握的技能。但缺少思政、形式单一、内容呆板或不全面、与课程标准不一致的教材难以吸引读者深入学习。本人在多年的 C、C++、C♯、Java、Python、Web 程序设计、UML 建模、软件设计模式等课程的教学过程中,深感编写一本内容全面、注重实践、符合应用型人才培养方向的教材是非常必要的。本书的编写以教育部《高等学校课程思政建设指导纲要》的文件精神为指导,重点培养学生的家国情怀与工匠精神,增强学生良好的程序设计素养和服务社会意识,提升学生的服务社会能力,学会将爱国情怀应用到今后的工作中,实现知识、技能和价值的全面发展和共振。

本书主要内容

本书内容主要包括 Java Web 开发平台的搭建与配置、Java Web 后端开发、JDBC 数据库设计、MVC 模式与架构知识、Web 项目开发流程等知识。其中,前端开发知识放在电子教材中,所以本书纸质教材主要介绍后端开发技术,包含 Servlet、ServletConfig、ServletContext、RequestDispatcher、HttpServletRequest、HttpServletResponse、Cookie、Session、Filter、Listener、JSP、EL 表达式、JSTL 标签库、JDBC 数据库设计等。最后,以一个项目的综合案例介绍 Web 网站的建设流程。

本书特色

(1) 新兴技术,通俗易懂。

介绍新版本的技术,根据 MVC 模式的思想组织教材内容,安排合理,层次清楚,通俗易懂。

(2) 结构清晰,体例完整。

以"目标-知识点-思想引领-理论-实例-小结-实验-习题"模式编写,以任务驱动方式引导读者学习。

(3) 注重实践,资源丰富。

详细介绍知识点,注重理论和实践的结合,便于学生自学。提供丰富的教学配套资源,便于教师教学。

(4) 课程思政,引经据典。

以诗词的形式将思政内容和中华传统文化融入 Java Web 知识中,给读者带来轻松愉快的学习体验。

配套资源

为便于教与学,本书配有微课视频、源代码、教学课件、教学大纲、教案、习题答案、期末试卷及答案。

(1) 获取微课视频方式:先刮开并用手机版微信 App 扫描本书封底的文泉云盘防盗码,授权后再扫描书中相应的视频二维码,观看教学视频。

(2) 获取源代码、扩展阅读和全书网址方式:先刮开并用手机版微信 App 扫描本书封底的文泉云盘防盗码,授权后再扫描下方二维码,即可获取。

源代码　　　　　　　扩展阅读　　　　　　全书网址

(3) 其他配套资源可以扫描本书封底的"书圈"二维码,关注后回复本书书号,即可下载。

读者对象

本书主要面向广大从事软件开发的专业人员,从事高等教育的专任教师,高等学校的在读学生及相关领域的广大科研人员。

本书纸质教材共 11 章,其中第 1～10 章由韶关学院的程细柱老师编写,第 11 章由韶关学院的戴经国编写。

在本书的编写过程中,作者倾注了大量心血,但限于个人水平和时间仓促,书中难免存在疏漏之处,欢迎广大读者批评指正。另外,书中提到的"鹭汀居士"是作者程细柱本人,其中引用的诗词全部是程细柱本人所作,希望读者点评。

作　者

2024 年 1 月

目 录

第1章 Java Web开发基础

📖**本章学习目标：**

- 能正确描述 Java Web 的产生背景和发展史。
- 能解释 C/S 架构与 B/S 架构的差别和工作原理。
- 能说明 HTTP 的分类与 URL 的构成。
- 能分析 Web 程序的运行原理。

📖**主要知识点：**

- B/S 架构。
- URL 的构成。
- Web 运行原理。
- HTML 文件的编辑与运行方法。

📖**思想引领：**

- 介绍我国 IT 事业发展的艰辛历程、国际竞争环境和取得的成绩。
- 让学生理解社会主义核心价值，增强学生科技强国的责任感与使命感。

Java Web 是网站开发最常用的技术之一，其开发内容分为 Web 的前端开发、Web 的后端开发和 JDBC 数据库设计。其中，前端开发属于 MVC 模式的视图层（View），主要用到 HTML 5 技术、CSS 技术和 JavaScript 脚本语言等知识；后端开发主要实现 MVC 模式的控制层（Control）功能，用到 Servlet、Cookie、Session、JSP、Filter、Listener、EL 表达式和 JSTL 标签库等知识；JavaBean 和 JDBC 数据库设计属于 MVC 模式的模型层（Model），这些在后面的章节介绍。本章主要学习 Java Web 开发的基础知识，如 Java Web 的产生背景、HTTP 与 URL 格式、Web 程序的运行原理等，下面分别介绍。

1.1 Java Web 的产生背景

1995 年 5 月，Sun 公司正式推出 Java 编程语言，该语言具有简单易学、面向对象、自动垃圾回收、支持多线程、健壮和安全、跨平台、可移植性好、支持网络编程等优良特性。随着互联网的发展，该语言成为全球第一网络语言。到 1999 年，Sun 公司推出了以 Java 2 平台为核心的 Java EE 企业版、Java SE 标准版和 Java ME 微型版三大版本，分别用于开发 Java 企业级服务、Java 桌面程序、嵌入式消费产品（如移动电话、掌上电脑或其他无线设备等）的微型程序。Java Web 开发就是使用 Java 技术，基于 B/S(浏览器/服务器)结构的 Java EE 应用软件的开发。

1.2   C/S 架构与 B/S 架构

在学习 Java 编程语言时，读者大都学过基于 C/S 架构的网络程序的开发，如 FTP 文件上传软件和 QQ 聊天软件的开发。本教材介绍的 Web 开发基于 B/S 架构，下面比较两种架构的特点。

1.2.1   C/S 架构

C/S 架构，即客户(Client)/服务器(Server)架构，常见的是二层体系结构，由客户机和服务器两层构成。客户端的硬件有个人计算机、掌上电脑和手机等设备，软件则根据请求服务的种类不同有多种。服务器端的硬件有高性能的 PC、工作站或小型计算机等，软件有服务器软件和数据库系统(如 Oracle 或 MySQL 等)。C/S 架构如图 1-1 所示。

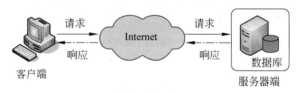

图 1-1   C/S 架构

客户端负责发出服务请求(如获取文本、图像、音频和视频等资源)，服务器端负责响应服务请求。其工作原理是：客户端将用户的服务请求通过网络传给服务器，服务器端收到请求后，对请求的数据进行处理和存储，并将处理结果返回给客户端。

该架构的优点是交互性强、响应速度快、安全存取等，缺点是不同的服务需要开发不同的专用客户端软件，缺少通用性，通常用于专用服务中，如腾讯 QQ 用于聊天。

1.2.2   B/S 架构

B/S 架构，即浏览器(Browser)/服务器(Server)架构，属于三层体系结构。该架构是随着 Internet 技术而兴起的，它是对 C/S 架构的改进，它在二层体系结构的应用程序客户层与服务器层之间添加了一个第三层(应用服务层)，形成客户层、应用服务层和数据服务层三个层次，分别由浏览器、Web 服务器和数据库服务器实现。B/S 架构如图 1-2 所示。

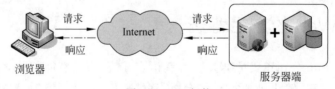

图 1-2   B/S 架构

其硬件要求同 C/S 架构类似，但客户层功能大大减弱，客户端的软件只需安装通用的浏览器(如 Internet Explorer)即可，所以称为"瘦客户机"。服务器端包含 Web 服务器和数据库服务器，其中，Web 服务器部署 Web 平台软件和动态网页，常用的 Web 平台软件有 Apache 的 Tomcat、IBM 的 WebSpherer、BEA 的 WebLogic 和微软公司的 IIS(Internet

Information Server)等,数据库服务器部署 JDBC(Java 数据库连接)和数据库。

该架构的工作原理是：客户端通过浏览器向 Web 服务器发送请求,Web 服务器收到请求后对请求的数据进行处理,这时通常要访问数据库服务器,然后生成超文本或找到相关超文本返回给客户端的浏览器显示。

该架构的优点是统一了客户端软件,简化了客户端计算机的载荷,减轻了系统维护与升级的成本和工作量,同时也减轻了客户学习客户软件的负担,因为只要掌握浏览器的使用就可以了。其缺点是服务器运行的数据负荷较重,一旦发生服务器"崩溃"等问题,后果不堪设想。

1.3　HTTP 与 URL 格式

协议是用于网络通信的,URL 是用来定位的,下面分别介绍。

1.3.1　HTTP

HTTP 是 Hyper Text Transfer Protocol(超文本传输协议)的缩写。HTTP 用于客户端和服务器之间的通信,这一点同 TCP/IP 协议族内的其他众多的协议相同。HTTP 是基于请求和响应模型的,客户端可以主动发出请求,服务器只能被动地响应,一次请求对应一次响应。客户端向服务器端发送的请求消息包含请求行、请求头部和请求数据体等,称为请求报文。服务器端的响应消息包括状态行、响应头部、响应数据体等。HTTP 包含 HTTP 1.0、HTTP 1.1 和 HTTP 2.0 等版本,下面分别介绍它们的主要特点。

1. HTTP 1.0 协议

该版本是早期的版本,其主要特点有：①短连接。每次连接只处理一个请求,服务器响应和处理完客户的请求后就断开连接,即连接无法复用。②无状态。协议对于事务的处理没有记忆能力,服务器根据客户端的请求发送响应数据,但发送完后不会记录客户端的状态信息。如果想记住其状态,通常使用 Cookie 对象和 Session 对象来实现。

该版本的缺点是每一个 HTTP 请求只绑定一个给定的 TCP 连接(每次 TCP 连接包含三次握手和四次挥别),收到服务器的响应后立即断开该连接,发起新的 HTTP 请求必须建立一个新的 TCP 连接,通常访问一个网页会包含几十条 HTTP 请求,这极大地增加了通信开销,使数据的传输速度很慢,甚至发生阻塞。

2. HTTP 1.1 协议

HTTP 1.1 版本目前还用于 http:// 网址,该版本的主要特点有：①长连接。只要客户端和服务端任意一端没有明确提出断开 TCP 连接,就一直保持连接,多个 HTTP 请求可以复用这个连接通道,它减少了 TCP 握手造成的网络资源和通信时间的浪费。②断点续传。可以将一个大数据分成若干段,然后利用多线程技术并行传输,这显著提高了数据的传输速度。

该版本的缺点是：①报文头部比较大,当多个请求发生时会浪费带宽和导致过度的延迟。②采样明文传输,数据传输不安全。③采用有序并阻塞方式,即下次请求必须在上次响应返回之后进行,虽然采用管线化技术可以做到部分多路复用 TCP 连接,使客户端可以同时发出多个 HTTP 请求,而不用一个个等待响应,但是响应必须按顺序返回。④采用传统的"请求-应答"工作模式,服务器完全被动地响应请求,不能主动推送数据给客户端。

3. HTTP 2.0 协议

HTTP 2.0 版本目前只用于 https://网址,其目的是在开放互联网上增加加密技术,以提供强有力的保护去遏制网络攻击。该版本的主要特点有:①对报头进行压缩处理,降低了系统开销。②数据采用二进制格式而非文本格式。③采用完全多路复用技术,而非有序并阻塞方式传输,一个 TCP 连接可以实现多个请求响应。④服务器可以新建"流",将响应主动推送到客户端的缓存中,该技术称为 Server Push(服务器推送)或 Cache Push(缓存推送)。例如,在浏览器刚请求 HTML 的时候就提前把可能会用到的 CSS 或者 JS 文件发给客户端,减少等待的延迟。

1.3.2　URL 格式

URL 是 Uniform Resource Locator(统一资源定位器)的缩写,它用一种统一的格式来定位各种信息资源(如文件、目录、服务器等)在网上的唯一地址,HTTP 使用它来传输数据和建立连接。URL 主要包含协议、主机域名(或 IP 地址)、端口号、路径(包含虚拟目录和文件名)4 部分。当然,后面还可以包含参数、查询和锚等选项,其语法格式如下。

协议://主机域名[:端口号]/虚拟目录/文件名/[参数] [? 查询] [# 锚]

例如:http://www.sgu.com:8080/dw/info.asp? ID=3&Department="计算机系" #key1

其中,带方括号[]的为可选项。下面介绍各部分的含义。

(1) 协议:Web 通信使用的是 HTTP,有"http:"和"https:"两种,在 Internet 协议族中还包含其他协议,如 FTP 是用于文件传输的协议。

(2) 主机域名:代表服务器的位置,URL 中也可以用 IP 地址代替域名,如前面例子中的 www.sgu.com。

(3) 端口号:代表服务器中的 Web 应用编号,跟在 URL 的域名后面,在域名和端口号之间使用":"作为分隔符。如果省略端口号,则浏览器采用默认的 80 端口来解释,不过 Tomcat 平台的默认端口是 8080。

(4) 虚拟目录:是 Web 项目实际目录的映射,在 Web 服务器中是实际不存在的,但用户端浏览器通过它来访问网站,是 URL 中从端口号后的第一个"/"开始到最后一个"/"为止的部分,和"文件名"一起构成文件资源在服务器中的路径,如前面例子中的/dw/。

(5) 文件名:代表路径中的资源名称,如果省略该部分,则使用默认的主页名,如前面例子中的 info.asp。

(6) 参数:这是用于指定特殊参数的可选项,由服务器端程序自行解释,比较少用。

(7) 查询:又称搜索部分,在问号(?)后面,用于向服务器传递参数,可以有多个参数,每个参数用"参数名=参数值"表示,各个参数之间用"&"作为分隔符,如例子中的 ID=3&Department="计算机系"。

(8) 锚:在 # 符号后面,用于指定网络资源中的片段位置,如网页文章中的某分段的位置,通过它可以找到文章中的某分段,如例子中的 key1。

1.4　Web 程序的运行原理

运行 Web 应用程序需要客户端浏览器、Web 服务器、通信网络、通信协议,以及要访问的网络资源(如网页)等。客户通过浏览器把访问请求发送到服务器,服务器接收到浏览器的请求后进行处理,然后把处理结果(通常是一个 HTML 文件)返回给浏览器,浏览器把 HTML 文件信息显示在屏幕上,具体分为以下步骤。

（1）客户在浏览器地址栏中输入请求页面的地址,浏览器对请求的 URL 进行域名解析,解析出 IP 地址等信息。

（2）浏览器将解析后的 URL 信息封装成 HTTP 报文。

（3）浏览器创建一个 Socket 对象,调用 send()方法,以流的方式将 HTTP 报文发送到服务器,即向 Web 服务器发送请求。

（4）Web 服务器也创建一个 Socket 对象,调用 receive()方法接收浏览器发送过来的 HTTP 报文,该报文中携带有 IP 地址和请求参数等信息。

（5）Web 服务器解析接收到的请求信息,根据请求的文件名在 Web 服务器中查找对应的文件资源。

（6）如果请求页面为静态页面,则服务器利用 Socket 调用 send()方法直接将静态页面返回给浏览器。

（7）如果请求的是动态页面,则服务器执行页面中的代码,然后将运行结果生成静态页面,再用步骤(6)的方法返回给浏览器。

（8）如果动态代码需要访问数据库,则 Web 服务器与数据库服务器进行信息交互,将处理结果生成静态页面,再用步骤(6)的方法返回给浏览器。

（9）浏览器利用 Socket 调用 receive()方法接收服务器端发送的资源,例如 HTML 网页等。

（10）浏览器解析收到的资源,并且显示资源内容。

下面设计一个 HTML 网页在浏览器中运行的实例,如例 1-1 所示。

【例 1-1】　HTML 网页在浏览器中运行的实例,过程如下。

第 1 步,启动记事本,编辑以下代码。

```
<html>
  <head>
    <title>第一个 HTML 页面</title>
    <meta charset="utf-8">
  </head>
  <body align="center">
    <h2>南湖火种 [五绝·平水韵]</h2>
    <h5>文/鹭汀居士</h5>
    <p>
      社稷雾朦胧,家园苦雨中。<br>
      红船输火种,烈焰染长空。<br>
      2021-06-21
```

```
</p>  </body> </html>
```

第 2 步,将代码另存为扩展名为.html 或者.htm 的文件,如 Hello.html。

第 3 步,双击 HTML 文件,在浏览器中运行该文件。HTML 页面的运行结果如图 1-3 所示。

图 1-3　HTML 页面的运行结果

1.5　本章小结

本章主要介绍了 Java Web 的产生背景,C/S 架构与 B/S 架构的差别和工作原理,HTTP 的分类与优缺点,URL 的构成,Web 程序的运行原理,最后通过一个程序实例测试了网页的编辑方法和运行方法,读者可以通过后面的实验进行练习。

1.6　实验指导

1. 实验名称
HTML 网页的运行测试。
2. 实验目的
(1) 掌握 HTML 网页的编辑方法。
(2) 学会 HTML 网页的运行方法。
(3) 理解 Web 程序的运行原理。
3. 实验内容
用记事本编写一个 HTML 网页,并用浏览器打开运行。

1.7　课后练习

一、判断题
1. HTML、CSS 和 JavaScript 等知识都属于前端技术。　　　　　　　　　　　(　　)
2. C/S 架构由客户机、浏览器和服务器三层构成。　　　　　　　　　　　　(　　)
3. B/S 架构由浏览器、Web 服务器和数据库服务器三层实现。　　　　　　　(　　)
4. 客户与 Web 服务器通信是通过 FTP 来完成的。　　　　　　　　　　　　(　　)
5. 如果采用 HTTP 1.1 协议通信,则数据传输完了也不需要关闭 TCP 连接。　(　　)
6. 如果采用 HTTP 1.1 协议通信,则客户端可以向服务器端发送多个请求,并且在发

送下一个请求时，无须等待上次请求的返回结果。 （ ）

    7. URL用一种统一的格式来定位各种信息资源在网上的唯一地址。 （ ）

    8. 浏览器的功能很强，可以执行动态页面。 （ ）

    9. 浏览器与Web服务器的通信过程中创建Socket对象传送数据。 （ ）

    10. Applet运行在客户端浏览器中。 （ ）

二、名词解释

1. HTTP   2. 域名

3. 端口   4. 虚拟目录

5. B/S架构

三、单选题

1. 以下哪个不是UNIX和Linux平台下常用的Web服务器？（ ）

    A. Apache Tomcat   B. IBM WebSphere

    C. BEA WebLogic   D. Microsoft IIS

2. 以下哪个不是B/S主流技术？（ ）

    A. ASP   B. PHP   C. JSP   D. C++

3. URL是Internet中资源定位器，URL由4部分构成：（ ）。

    A. 协议、端口、主机DNS名或IP地址、文件名路径

    B. 主机、端口、DNS名或IP地址和文件名、协议

    C. 协议、端口、文件名、主机名

    D. 协议、端口、文件名、IP地址

4. 在HTTP 1.1协议中，长久连接选项是（ ）的。

    A. 默认打开   B. 默认关闭   C. 不可协商   D. 以上都不对

5. HTTP的消息有（ ）两种类型。

    A. 发送消息和接收消息   B. 请求消息和响应消息

    C. 消息头和消息体   D. 实体消息和控制消息

6. 以下不是HTTP 1.1协议特点的是（ ）。

    A. 请求/响应模式   B. 长连接

    C. 只能传输文本数据   D. 断点续传

四、填空题

1. Web应用中的会话指的是一个客户端（浏览器）与_____之间连续发生的一系列请求和响应过程。

2. Java Web开发就是使用Java技术，基于_____结构的Java EE应用软件的开发。

3. JDK安装完成后，通常要配置的环境变量主要是_____，另外_____和CLASSPATH通常也配置。

4. 到1999年，Sun公司推出了以Java 2平台为核心的_____、Java SE标准版和Java ME微型版三大平台。

五、简答题

1. 简述HTTP 1.1协议的优缺点。

2. 什么是URL？

3. 简述浏览器与 Web 服务器之间的通信过程。

4. 简述 Web 的开发流程。

5. 简述 B/S 架构的优缺点。

6. 简述 HTTP 1.1 协议的通信过程。

7. 简述 Web 程序的运行原理。

第2章

Java Web开发平台搭建

📖 **本章学习目标：**
- 能熟练下载、安装与配置 JDK 和 Tomcat 平台。
- 能纠正 JDK 和 Tomcat 平台的配置错误。
- 能熟练安装与配置 MyEclipse 软件。
- 能熟练创建与发布 Web 项目。

📖 **主要知识点：**
- Tomcat 的安装与配置。
- Tomcat 的发布目录与虚拟目录。
- MyEclipse 的安装与配置。
- Java Web 项目的创建与发布方法。

📖 **思想引领：**
- 介绍 Web 开发环境安装与配置的严谨性和可靠性要求。
- 培养学生的科学精神和工匠精神。

视频讲解

Web 前端的内容主要包含 HTML 标签、CSS 层叠样式表和 JavaScript 脚本代码等，这部分内容相对简单一些，读者可以自学，由于它们属于静态网页，所以可以在客户端的浏览器中直接运行，但后面章节要介绍的是 Web 后端代码，例如，Servlet 脚本、JSP 动态网页、EL 表达式和 JSTL 标签库等，它们属于动态网页，所以必须在 Web 服务器平台上运行。本章主要介绍 Web 服务器平台的安装与配置，常用的服务器软件有 Apache 的 Tomcat、IBM 的 WebSphere、BEA 的 WebLogic 和微软公司的 IIS(Internet Information Server)等，本教材选择 Tomcat 作为 Web 运行环境，它需要 Java 开发环境 JDK 的支持。而 Web 开发平台使用 Java EE 集成开发环境 MyEclipse 软件，下面分别介绍它们的安装与配置。

2.1 JDK 的安装与配置

JDK 是 Java Development Kit(Java 开发工具包)的缩写，它是整个 Java 的核心，是 Sun 公司(现在已被 Oracle 公司收购)为所有 Java 程序员提供的一套免费的 Java 开发和运行工具包。它包括 Java 编译器、Java 运行时环境(Java Runtime Environment，JRE)，以及常用的 Java 类库等。要想开发 Java 或 Java Web 代码，必须先安装 JDK。从 Sun 公司的 JDK 5.0 开始，它提供了泛型等非常实用的功能，其版本也在不断更新，运行效率得到了非常大的提高。

2.1.1　JDK 的安装

JDK 可以在 Oracle 公司的官网（网址详见前言二维码）下载，进入主页后，单击"资源"→"下载"→JDK 等链接，根据用户运行的 Linux、macOS 或 Windows 操作系统类型选择下载。本教材以 Windows 7 的 32 位操作系统为例，采用 JDK 1.7、Tomcat 7.0 和 MyEclipse 2013 作为开发与运行的环境。

下载解压 JDK 1.7 后，双击 jdk-7u15-windows-i586.exe 文件，在弹出的对话框中，单击"下一步"按钮，弹出 JDK 安装路径设置向导，如图 2-1 所示，用户可以选择安装组件或者单击"更改"按钮更改 JDK 的安装路径，通常采用默认设置。

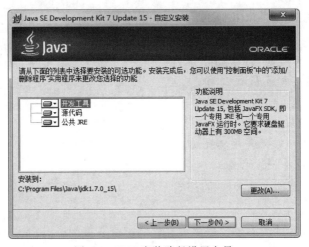

图 2-1　JDK 安装路径设置向导

继续单击"下一步"按钮，出现 JRE 安装路径设置向导，如图 2-2 所示，单击"更改"按钮可更改 JRE 的安装路径，通常采用默认位置。

图 2-2　JRE 安装路径设置向导

继续单击"下一步"按钮，开始安装，直到出现安装完成对话框，单击"关闭"按钮完成安装。

2.1.2　JDK 的配置

在安装完 JDK 之后,通常会配置 Path 系统变量和添加 JAVA_HOME 环境变量。当然,JAVA_HOME 不是必须配置的,而且配置错误会导致 Tomcat 服务器运行异常,所以通常只编辑 Path 系统变量。对于 Windows 7、Windows 8 等系统,右击"计算机",在快捷菜单中选择"属性"菜单项,选择弹出对话框左侧的"高级系统设置"选项卡,选择弹出对话框中的"高级"选项卡,单击"环境变量"按钮,打开"环境变量"对话框,如图 2-3 所示。

图 2-3　"环境变量"对话框

如果用户想配置 JAVA_HOME 环境变量,则在如图 2-3 所示的"环境变量"对话框的"系统变量"部分单击"新建"按钮,这时会弹出"编辑系统变量"的 JAVA_HOME 设置对话框,如图 2-4 所示。

在该对话框的"变量名"文本框中输入"JAVA_HOME",在"变量值"文本框中输入"C:\Program Files\Java\jdk1.7.0_15"安装路径,单击"确定"按钮完成 JAVA_HOME 变量的创建。

接下来配置 Path 系统变量,方法是:在如图 2-3 所示的"环境变量"对话框的"系统变量"列表中选择 Path 变量,单击"编辑"按钮,弹出"编辑系统变量"的 Path 设置对话框,如图 2-5 所示。

图 2-4　JAVA_HOME 设置对话框

图 2-5　Path 设置对话框

在该对话框的"变量值"文本框中的原有变量值的最后面添加英文分号";"和 JDK 或

JRE 的 bin 路径。例如,输入";C:\Program Files\Java\ jdk1.7.0_15\bin"即可,如果前面创建了 JAVA_HOME 环境变量,则只需要输入";%JAVA_HOME%\bin;%JAVA_HOME%\jre\bin,"单击"确定"按钮完成 Path 的设置。安装配置完成后,测试 JDK 是否配置成功。方法如下。

(1) 选择 Windows 的"开始"→"运行"菜单或者按 Win+R 组合键,在弹出的"运行"对话框中输入"cmd"命令,单击"确定"按钮,打开 DOS 命令窗口。

(2) 在 DOS 命令窗口中输入"java-version"命令,回车,若出现如图 2-6 所示的测试 JDK 的 DOS 窗口,则表明 JDK 安装和配置成功。

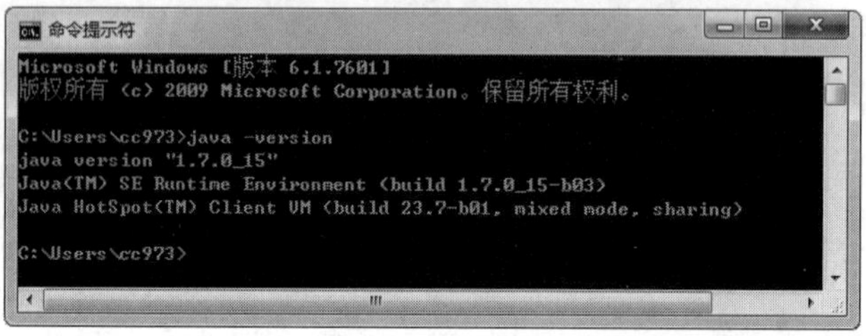

图 2-6　测试 JDK 的 DOS 窗口

2.2　Tomcat 服务器

Tomcat 是 Apache(阿帕奇)、Sun 公司(已被 Oracle 收购)和其他一些公司及个人共同开发而成的,运行 Servlet 和 JSP 的容器(引擎),它是 Apache 软件基金会的 Jakarta 项目中的一个重要子项目,既能为动态网页服务,同时也能为静态网页提供支持。其源代码是完全公开的,不仅具有 Web 服务器的基本功能,还提供了数据库连接池等许多通用组件功能,并且运行稳定、可靠和高效,能与目前大部分主流的 Web 服务器(如 Apache、IIS 服务器等)一起工作,可以作为独立的 Web 服务器。现在,越来越多的软件公司和开发人员都使用它作为运行 Servlet 和 JSP 的运行平台,如今已成为比较流行的 Web 应用服务器。

2.2.1　Tomcat 的安装

在安装 Tomcat 之前要先安装 JDK,可在官网(网址详见前言二维码)免费下载,其版本在不断地升级,其功能也在不断地完善与增强,目前最新版本为 Tomcat 11。本教材使用的是 Windows 的 Tomcat 7.0 版本。

Tomcat 包含安装版和绿色版,其中,以 zip 或 gz 结尾的是"绿色版",它们是免安装的,文件解压后,双击 startup.bat 文件会启动 Tomcat 服务器,双击 shutdown.bat 文件会停止 Tomcat 服务器。"安装版"根据 Windows 类型选择下载,双击解压 Tomcat 的 exe 文件(如 apache-tomcat-7.0.23-win-x86.exe),出现如图 2-7 所示的 Tomcat 安装向导。

单击 Next 按钮,选择 I Agree 接受 Tomcat 的许可协议,继续安装,出现 Tomcat 组件选择向导,如图 2-8 所示。

采用默认选择,继续单击 Next 按钮,出现 Tomcat 端口配置向导,如图 2-9 所示。

Tomcat 通常需要占用三个端口,分别为服务器关闭端口、HTTP 连接端口和 AJP 连接

图 2-7　Tomcat 安装向导

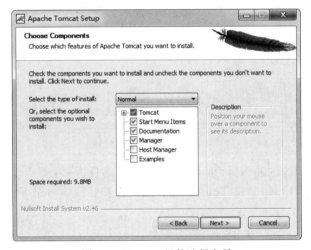

图 2-8　Tomcat 组件选择向导

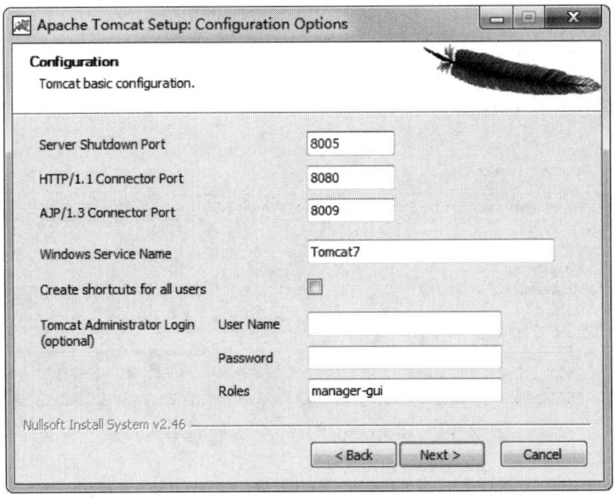

图 2-9　Tomcat 端口配置向导

端口，其中，HTTP/1.1 Connector Port 所对应的值是 Web 服务器的服务端口，Tomcat 的
默认值是 8080，但浏览器访问网站的默认端口是 80，如果不改为 80，浏览器访问网站时，输
入的网址中必须包含端口号。当然，网站开发期可以不改，除非该端口有冲突。所以采用默
认选择，继续单击 Next 按钮，出现 JVM 配置界面，需要为 Tomcat 配置 JRE 环境，如果还
没有安装 JDK 或 JRE，应先去安装 JDK 或者单独安装 JRE。如果 JAVA_HOME 配置正
确，安装程序会自动选择路径。JRE 路径选择向导如图 2-10 所示。

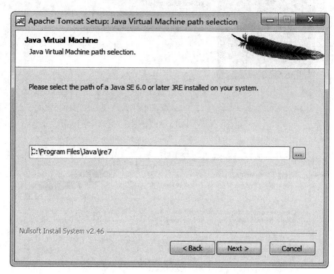

图 2-10　JRE 路径选择向导

继续单击 Next 按钮，弹出 Tomcat 的安装路径选择向导，如图 2-11 所示。用户单击
Browse 按钮选择安装目录，会将 Tomcat 服务的文件安装到该目录下。

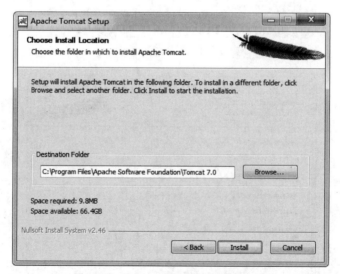

图 2-11　Tomcat 的安装路径选择向导

单击 Install 按钮开始安装 Tomcat，安装结束后出现完成安装对话框。如果选择了
Run Apache Tomcat 复选框，单击 Finish 按钮会在关闭该对话框后启动 Tomcat 服务器。

2.2.2 Tomcat 的启动

Tomcat 安装完成后，可以在 Windows 的"开始"菜单中找到 Apache Tomcat 7.0 Tomcat7 菜单，单击其中的 Monitor Tomcat 菜单项可以启动 Tomcat 服务器，如 Windows 限制了当前用户的访问权利，则右击该菜单项，选择"以管理员身份运行"命令即可。

Tomcat 启动成功后，会在 Windows 右下角的通知区域内出现 Tomcat 服务图标。右击 Tomcat 服务图标，弹出 Tomcat 服务快捷菜单，如图 2-12 所示，其中，Start service 用于启动 Tomcat 服务器，Stop service 用于关闭 Tomcat 服务器，Configure 用于配置服务器，Exit 用于退出 Tomcat。

图 2-12 Tomcat 服务快捷菜单

无论采用安装版还是绿色版，成功启动 Tomcat 后，在浏览器地址栏中输入"http://localhost：8080/"或者"http://127.0.0.1：8080/"，如果出现如图 2-13 所示的 Tomcat 服务器默认网页，则说明 Tomcat 服务器启动成功。

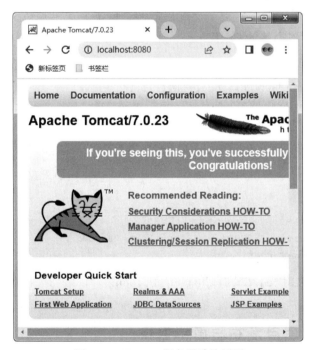

图 2-13 Tomcat 服务器默认网页

2.2.3 Tomcat 服务器的异常纠错

启动 Tomcat 可能会出现异常。例如，JDK 和 Tomcat 的版本不一致，或者 JAVA_HOME 与 JRE_HOME 环境变量配置不正确，都会导致无法启动 Tomcat 服务器。这时需要重新安装匹配 JDK，或重新设置 JAVA_HOME 为正确 JDK 路径。另外，Tomcat 服务器所使用的网络监听端口也可能被其他应用程序占用，即端口冲突。安装 Tomcat 时，Tomcat 服务器默认使用 8080，8005，8009 端口，如果这些端口被计算机的其他软件占用，则会导致 Tomcat 服务器启动失败,可以通过修改其端口号来解决该问题。

方法是打开 Tomcat 7.0 目录下的 conf 子目录中的 server.xml 文件,找到该文件中的 <Connector>标签,该标签有一个 port 属性,该属性是用于配置 Tomcat 服务器监听端口号的,默认值为 8080。其取值可以是 0~65 535 中的任意一个整数,通过修改其值来修改端口,例如改为 80,代码如下。

```
<Connector  port="80"  protocol="HTTP/1.1"
    connectionTimeout="20000" redirectPort="8443" />
```

重新启动 Tomcat,在浏览器的地址栏中输入"http://localhost:80/",如果看到 Tomcat 服务器的默认网页,则说明修改正常。当然,以上地址中的 80 是可以不用输入的,因为浏览器默认 Web 服务器使用 80 端口。

2.2.4　Tomcat 服务器的乱码纠错

Tomcat 8 版本及以上的服务器默认采用 UTF-8 编码来处理请求参数,该编码支持中文显示,但对于 Tomcat 8 以下版本的服务器默认采用 ISO-8859-1 编码来处理请求参数,该编码不支持中文,GET 请求会出现中文乱码问题。解决方法是修改 server.xml 文件中的 Connector 标签,设置该标签的 URIEncoding 属性为 UTF-8 编码或者 GB2312 编码,其代码如下。

```
<Connector  port="80"  protocol="HTTP/1.1"
    connectionTimeout="20000"  redirectPort="8443"
    URIEncoding="UTF-8"  />
```

当然,也可以设置 useBodyEncodingForURI 属性为 true,这时请求参数的编码方式与请求体的编码方式一致。如果请求体采用 UTF-8 解析,则请求参数也要采用 UTF-8 来解析,其配置代码如下。

```
<Connector  port="80"  protocol="HTTP/1.1"
    connectionTimeout="20000"  redirectPort="8443"
    useBodyEncodingForURI="true" />
```

不过,该方式要求用 request.setCharacterEncoding("UTF-8")语句设置请求体的编码支持中文。

2.2.5　Web 项目发布与虚拟目录

视频讲解

可以利用 MyEclipse 软件创建 Web 项目,这一点在本章的后面介绍,但项目创建好后要发布到 Tomcat 平台才能供用户访问,所以要学会 Web 项目的发布。在学习发布前,读者应先了解一下 Tomcat 的目录结构。Tomcat 的安装目录中包含一系列的子目录,这些子目录分别用于存放不同功能的文件。Tomcat 的目录结构如图 2-14 所示。

下面分别介绍这些子目录的功能。

(1) bin:用于存放 Tomcat 的可执行文件和脚本文件(扩展名为 bat 的文件),如 Tomcat7.exe、startup.bat。

(2) conf:用于存放 Tomcat 的各种配置文件,如 web.xml、server.xml。

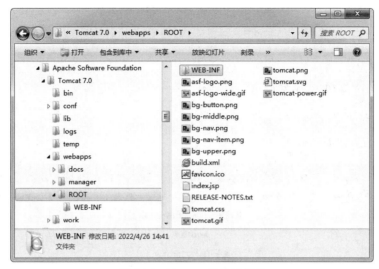

图 2-14 Tomcat 的目录结构

（3）lib：用于存放 Tomcat 服务器和所有 Web 应用程序需要访问的 JAR 文件。

（4）logs：用于存放 Tomcat 的日志文件。

（5）temp：用于存放 Tomcat 运行时产生的临时文件。

（6）webapps：用于存放 Web 应用程序，该目录有一个 ROOT 子目录，如果把 Web 网站代码放在 ROOT 目录中，可以实现网站的发布。

（7）work：Tomcat 的工作目录，JSP 编译生成的 Servlet 源文件和字节码文件放到这个目录下。

掌握了 Tomcat 的目录结构，现在学习 Web 项目的发布方法，通常分为以下两种。

1. 在默认根目录 ROOT 中发布

刚才介绍 Tomcat 目录时说过，如果将 Web 网站代码放到 webapps 目录的 ROOT 子目录下，可以实现该网站的发布，因为 ROOT 是 Tomcat 的默认根目录。用户可以在浏览器中输入网址"http://localhost:8080"来测试。下面设计一个 Tomcat 的 ROOT 目录应用实例，如例 2-1 所示，它将一个诗词网页放在 ROOT 目录中，测试能否被正常访问。

【例 2-1】 Tomcat 的 ROOT 目录应用实例，过程如下。

第 1 步，编写 n201ROOTtest.html 网页，保存在 ROOT 目录中，其内容如下。

```html
<html>
<head>
  <meta charset="utf-8">
  <title>n201ROOTtest.html</title>
</head>
<body style = "text-align:center">
  <h3>腊月韶城夜游 [五绝·通韵]</h3>
  <h5>文/鹭汀居士</h5>
  <p>
    一逛七八里,三江六岸游。<br/>
    五光十色景,四九暖如秋。<br/>
```

```
    2023 年 1 月 18 号
  </p>
</body>
</html>
```

第 2 步,启动 Tomcat 服务器,在浏览器中输入:

```
http://localhost/n201ROOTtest.html
```

网页运行结果如图 2-15 所示。

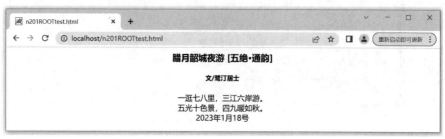

图 2-15　网页运行结果

2. 配置虚拟目录发布

例 2-1 的运行结果已经证明 Tomcat 的 ROOT 子目录是可以发布 Web 网站的,但为了系统的安全和方便网站的维护,通常不会把 Web 网站放在 Tomcat 的安装目录中,所以通常采用第二种方式发布 Web 网站,那就是配置虚拟目录发布。该方法可以把 Web 项目放在服务器中的任何目录中,然后创建一个虚拟目录来映射保存 Web 项目的真实目录,该虚拟目录在 Web 服务器中是实际不存在的,但用户端浏览器通过它来访问网站,看起来却好像它是 Tomcat 的主目录一样。配置虚拟目录的方法有以下两种。

方法 1:修改 server.xml 文件创建虚拟目录。方法是在 Tomcat 安装目录中的 conf 子目录中找到并打开 server.xml 配置文件,在<host> </host>之间添加以下代码。

<Context path="/Web 虚拟目录" docBase="Web 实际目录" debug="0" reloadable="true"/>

其中,path 属性保存 Web 应用的虚拟目录(以"/"开头);docBase 属性保存 Web 应用的实际目录;debug 属性值表示调试级别,分为 0~9 级;reloadable 属性表示 Tomcat 服务器是否监视网站中的 class 代码被修改。通常,在网站的开发与测试阶段该值设置为 true,如果 class 代码被修改会自动重新加载 Web 应用,但发布以后为了减少服务器的运行负荷,该值设置为 false。下面设计一个修改 server.xml 文件创建虚拟目录的实例,如例 2-2 所示。

【例 2-2】　修改 server.xml 文件创建虚拟目录的实例,过程如下。

第 1 步,编写 n202VirtualPathTest.html 网页,将它随便放在某个目录中(例如 E:\WebTest\ch2),网页的内容如下。

```
<html>
<head>
  <meta charset= "utf-8">
  <title>n202VirtualPathTest.html</title>
</head>
```

```
<body style = "text-align:center">
  <h3>农夫 [五绝·平水韵]</h3>
  <h5>文/鹭汀居士</h5>
  <p>
    一垦二三亩,秧苗四五栽。<br/>
    施肥超六七,八九十成材。<br/>
  2022 年 8 月 7 号
  </p>
</body>
</html>
```

第 2 步,配置 Web 应用的虚拟目录。方法是修改 Tomcat 的 conf 子目录中的 server. xml 文件内容,在<host></host>之间加入如下代码。

<Context path="/csDemo" docBase="E:\WebTest\ch2" debug="0" reloadable="true"/>

说明:以上配置文档中的属性 path 保存了虚拟目录 csDemo,属性 docBase 保存了 Web 应用的实际目录 E:\WebTest\ch2。

第 3 步,重新启动 Tomcat 服务器,在浏览器中输入如下网址。

```
http://localhost/csDemo/n202VirtualPathTest.html
```

网页运行结果如图 2-16 所示。

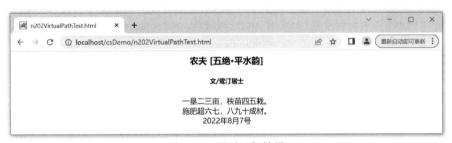

图 2-16　网页运行结果

方法 2:新建 XML 文件创建虚拟目录。方法是在 Tomcat 安装目录的路径 conf\ Catalina\localhost 下新建一个 XML 文件,该文件的名字与 Web 虚拟目录名相同(如 webPath.xml),在该 XML 文件中添加以下内容。

<Context docBase="Web 实际目录" debug="0" reloadable="true"/>

其中,debug 和 reloadable 的含义同前面介绍的一样,那么访问该 Web 的路径就是 http://localhost:8080/webPath/网页.html。

接下来设计一个新建 XML 配置文件创建虚拟目录的实例,如例 2-3 所示。

【例 2-3】　新建 XML 配置文件创建虚拟目录的实例,过程如下。

第 1 步,编写 n203VirtualPathTest.html 网页,将它随便放在某个目录中(例如 E:\ WebTest\ch2),网页的内容如下。

```
<html>
<head>
```

```
    <meta charset="utf-8">
    <title>n203VirtualPathTest.htm</title>
</head>
<body style = "text-align:center">
    <h3>晨起春播 [七绝·平水韵]</h3>
    <h5>文/鹭汀居士</h5>
    <p>
    月落鹃鸣春满枝,山村烟火映塘池。<br/>
    农夫日出插秧去,犬吠鸡啼布谷时。<br/>
    2022-03-15
    </p>
</body>
</html>
```

第 2 步,配置以上 Web 应用的虚拟目录。方法是在 conf\Catalina\ localhost 目录中新建 n203path.xml 文件,其内容如下。

```
<Context docBase="E:\WebTest\ch2" debug="0" reloadable="true"/>
```

第 3 步,重新启动 Tomcat 服务器,在浏览器中输入如下网址。

```
http://localhost/n203path/n203VirtualPathTest.html
```

网页运行结果如图 2-17 所示。

图 2-17　网页运行结果

2.3　集成开发环境 MyEclipse

学习完 Web 的运行平台,现在来学习 Web 的开发平台。现在市场上使用比较多的是 MyEclipse 软件,它是在 Eclipse 基础上开发的,功能强大的企业级集成的开发平台,主要用于 Java、Java EE 以及移动应用的开发,也支持 PHP、Python、Vue、Angular、React 等语言和框架的开发。它是对 Eclipse IDE 的扩展,支持 HTML、CSS、JavaScript、Java Servlet、JSP、JSF、Struts、Spring、Hibernate、EJB 3、JDBC 数据库连接。

2.3.1　MyEclipse 的下载和安装

在 MyEclipse 的官方网站(网址详见前言二维码)根据操作系统类型选择下载,本书使用的是 Windows 的 MyEclipse 2013 版本,在官网下载的文件是 myeclipse-pro-2013-SR2-offlineinstaller-windows.exe，双击该文件，弹出如图 2-18 所示的 MyEclipse 安装向导。

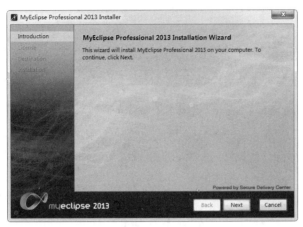

图 2-18　MyEclipse 安装向导

单击 Next 按钮，出现 License Agreement(许可证协议)对话框，如图 2-19 所示。

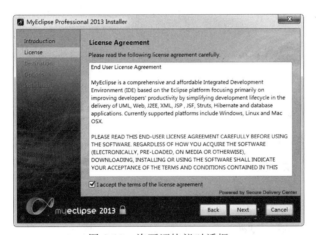

图 2-19　许可证协议对话框

选择 I accept…复选框，单击 Next 按钮，出现如图 2-20 所示的安装目录选择对话框。

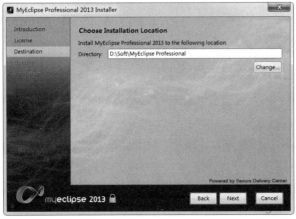

图 2-20　安装目录选择对话框

单击 Change 按钮可以改变 MyEclipse 的安装目录,继续单击 Next 按钮,出现 Choose
Option Software(选项软件选择)对话框,如图 2-21 所示。

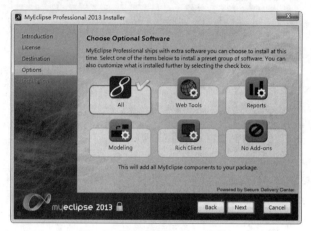

图 2-21　选项软件选择对话框

选择默认 All 选项,继续单击 Next 按钮开始安装,安装完成后,出现如图 2-22 所示的
安装完成对话框。

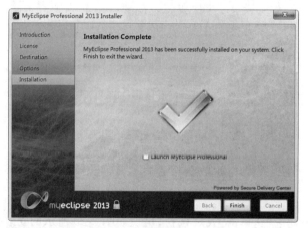

图 2-22　安装完成对话框

如果不想马上运行 MyEclipse,则取消勾选 Launch MyEclipse Professional 复选框,单
击 Finish 按钮完成安装。

2.3.2　MyEclipse 的启动与配置

MyEclipse 安装完成后,通常会启动并进行常见的配置。

1. MyEclipse 的启动

选择 Windows 的"开始"菜单→选择 MyEclipse 安装目录→选择 MyEclipse Professional 菜
单,启动 MyEclipse,出现如图 2-23 所示的工作空间设置对话框。

单击 Browse 按钮可以改变默认的工作空间(即 Web 项目保存的目录),如果选择对话
框中的复选框,则以后默认使用该目录作为工作空间,单击 OK 按钮启动成功,如图 2-24 所

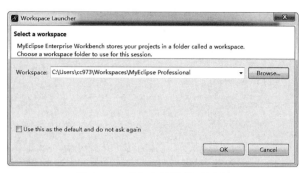

图 2-23 工作空间设置对话框

示为 MyEclipse 工作窗口。

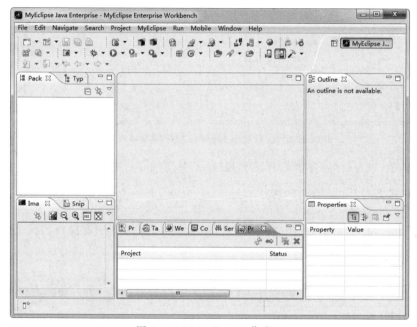

图 2-24 MyEclipse 工作窗口

2. MyEclipse 中的 JRE 类型配置

前面介绍过,MyEclipse 必须运行在 JRE(Java 运行环境)中,早期的版本必须先安装 Java,再安装 MyEclipse,现在的 MyEclipse 通常内部自带 JDK(Java 开发工具包)。当然, 用户也可以选择自己前面安装的 JDK,方法是选择 MyEclipse 软件中的 Window 菜单下的 Preferences 子菜单,打开 Preferences 窗口后,选择左边窗口中的 Java 下的 Installed JREs 选项,再单击右边窗口中的 Add 按钮,会打开 JRE Type 对话框,然后选择 Standard VM 列 表项→单击 Next 按钮→单击 Directory 按钮→找到 JDK 的安装目录→单击 Finish 按钮,会 将前面安装的 JDK 添加进来。Java 运行环境配置窗口如图 2-25 所示。

单击 OK 按钮,完成 JRE 配置。

3. MyEclipse 中的 Tomcat 服务器配置

MyEclipse 中也内置了 Tomcat 服务器,可以直接使用它来运行 Web 项目。可以查看

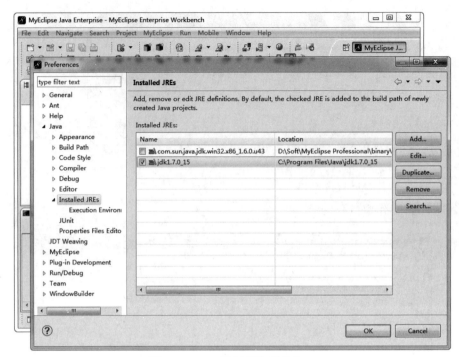

图 2-25　Java 运行环境配置窗口

MyEclipse 内置 Tomcat 服务器的状态和端口号,其方法是:选择 MyEclipse 2013 软件中的 Window 菜单下的 Preferences 子菜单,打开 Preferences 窗口后,选择 MyEclipse→Servers→ Integrated Sandbox→MyEclipse Tomcat 7,可以看到其处于 Enable 状态,以及服务器的默认端口是 8080。如果该端口号有冲突,可以修改,如改为 80,其配置窗口如图 2-26 所示。

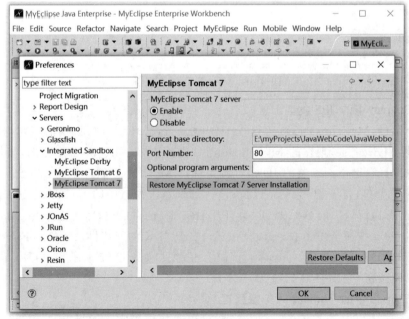

图 2-26　MyEclipse 的内置 Tomcat 服务器配置窗口

在开发和部署过程中,用户也可以在 MyEclipse 中设置单独安装的外部 Tomcat 服务器,其配置过程是:打开 Preferences 窗口,选择左边窗口中的 MyEclipse→Servers→Tomcat→Tomcat 7.x,选择 Enable 状态,单击 Browse 按钮,找到 Tomcat 的安装目录,单击 OK 按钮。MyEclipse 外部 Tomcat 服务器配置窗口如图 2-27 所示。

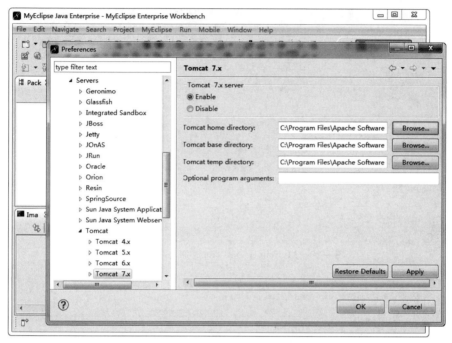

图 2-27　MyEclipse 外部 Tomcat 服务器配置窗口

4. MyEclipse 中的 Tomcat 服务器启动

在 MyEclipse 工作界面,单击工具条上的"服务器"图标 ,单击右侧向下箭头,出现 MyEclipse 的 Tomcat 服务器启动菜单,如图 2-28 所示,选择 MyEclipse Tomcat 7→ Strat 菜单,启动该 Tomcat 服务器。

当然,还有其他启动方法。例如,在 MyEclipse 的底部窗口中的 Server 选项卡中,也显示 MyEclipse 中的所有 Tomcat 服务器,右击某 Tomcat,选择 Run Server 命令,也可以启动该服务器。

2.3.3　创建第一个 Java Web 项目

下面介绍如何在 MyEclipse 中创建和运行 Java Web 项目。

1. 创建 Web 项目

选择 MyEclipse 软件的 File→New→Web Project 菜单,打开"新建 Web 项目"窗口,如图 2-29 所示,在窗口中输入 Project name(项目的名称,如"Web2Hello"),单击 Finish 按钮创建 Web2Hello 项目。

双击 MyEclipse 左窗口中的 Web2Hello 项目中的默认主页文档 index.jsp,在 MyEclipse 的中间窗口中打开 Web 网页编辑窗口,如图 2-30 所示,可以在该编辑窗口中查看和编辑网页的源代码。

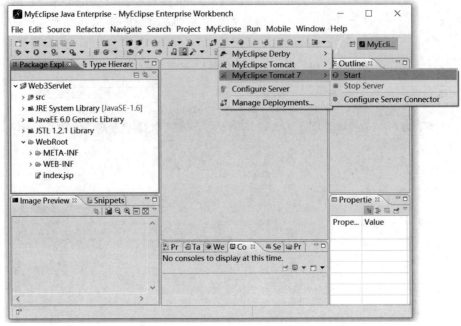

图 2-28　MyEclipse 的 Tomcat 服务器启动菜单

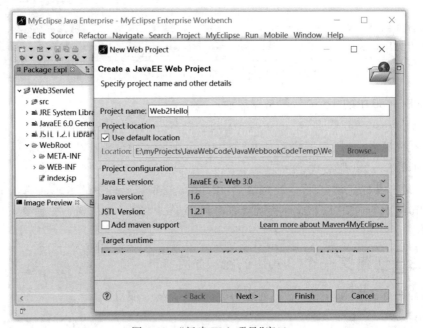

图 2-29　"新建 Web 项目"窗口

可以修改图 2-30 中 index.jsp 主页的关键代码，例如修改如下。

```
<html>
<head>
    <meta charset="utf-8">
    <title>My JSP 'index.jsp' starting page</title>
```

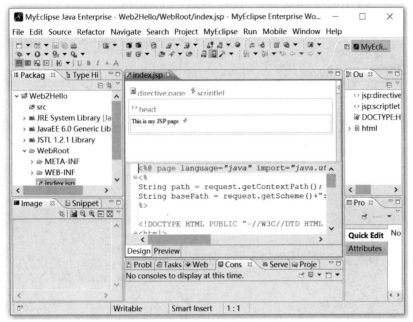

图 2-30 Web 网页编辑窗口

```
</head>
<body style = "text-align:center">
    <h3>采桑子·少年假日 [李清照体·词林正韵]</h3>
    <h5>文/鹭汀居士</h5>
    <p>
    河滩全日鱼虾戏,波浪飞花。波浪飞花。<br />
    逆水而游,淘气小娇娃。<br />
    田间半夜萤虫捕,忘记回家。忘记回家。<br />
    明月西山,急坏老亲妈。<br />
    2022-08-18 <br />
    </p>
</body>
</html>
```

2. 运行 Web 项目

在 MyEclipse 软件的左窗口中,右击前面创建的 Web2Hello 项目,选择 Run As→
MyEclipse Server Application 菜单,Web 项目的运行菜单如图 2-31 所示。

弹出 Tomcat 服务器选择窗口,如图 2-32 所示,可以选择 MyEclipse Tomcat 或
MyEclipse Tomcat 7 中的一种服务器运行,它们是 MyEclipse 自带的内部服务器。如果前
面配置了外部 Tomcat,也可以选择该外部 Tomcat。

用户单击 OK 按钮后,MyEclipse 会启动其内部浏览器打开该 Web 项目的默认主页,
内部浏览器运行诗词网页的结果如图 2-33 所示。

当然,用户也可以打开外部浏览器(例如 IE 浏览器),输入网址"http://sallypc/
Web2Hello/"来运行默认主页。其中,sallypc 是运行该 Web 项目的计算机名,可以用

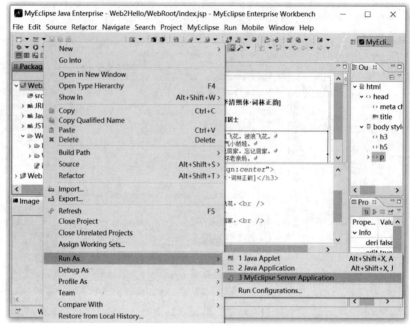

图 2-31　Web 项目的运行菜单

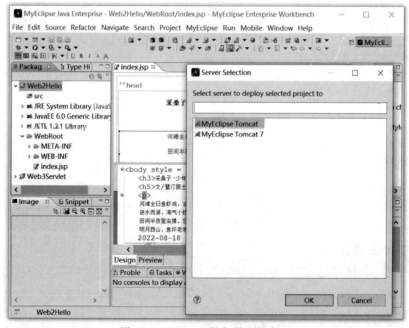

图 2-32　Tomcat 服务器选择窗口

localhost 域名或 127.0.0.1 网址替代,它们代表本机,Web2Hello 是 Web 项目名。外部浏览器的运行结果如图 2-34 所示。

　　关于什么文件是网站的默认主页,由 Web 项目的配置文件 web.xml 中的＜welcome-file-list＞标签的＜welcome-file＞子标签配置。例如,以下 web.xml 配置文件中的部分代码定义了 index.jsp 和 index.html 两个默认主页。

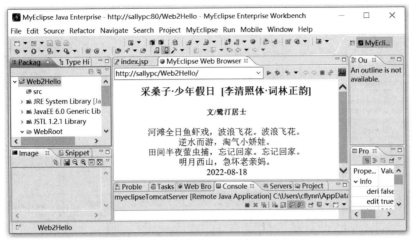

图 2-33　内部浏览器运行诗词网页的结果

图 2-34　外部浏览器 IE 的运行结果

```
<welcome-file-list>
    <welcome-file>index.jsp</welcome-file>
    <welcome-file>index.html</welcome-file>
</welcome-file-list>
```

　　网站启动时,如果 URL 中没有指明要访问的网页名,则平台在<welcome-file-list>中从上到下访问第一个默认主页,如果第一个文件不存在,则访问下一个默认主页,以此类推。当然,也可以修改默认主页,例如,将 index.jsp 改为 hello.jsp 文件。

2.3.4　将 Web 项目发布到 Tomcat 中

　　Web 项目开发完成后,最终要发布到 Tomcat 服务器中供用户访问。除了前面 Tomcat 中介绍的方法以外,通过 MyEclipse 也可以发布,有以下两种常见的方法。

1. 通过 MyEclipse 的导出命令发布

　　该方法是通过 MyEclipse 导出命令 Export,将项目导出成 war 包,然后复制到 Tomcat 的 webapps 目录中。过程如下:在 MyEclipse 中右击 Web 项目,选择 Export 菜单,弹出 MyEclipse 项目导出窗口,如图 2-35 所示。

　　选择图 2-35 中的 MyEclipse JEE 下的 WAR file,单击 Next 按钮出现 war 包的存储路径选择窗口,如图 2-36 所示。

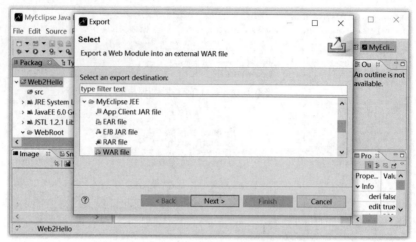

图 2-35　MyEclipse 项目导出窗口

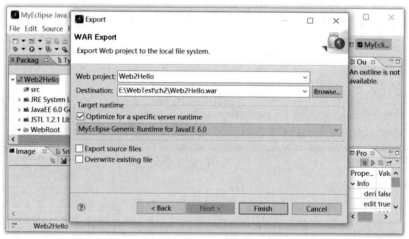

图 2-36　War 包的存储路径选择窗口

单击 Browse 按钮,选择 war 包的存储路径,可以先存储在任意位置,然后复制到 webapps 目录下,也可以直接打包到 webapps 目录下。选择路径后,单击 Finish 按钮完成打包。

重启前面安装的 Tomcat 服务器,打开外部浏览器,在地址栏中输入打包项目的网址,如"http://localhost/Web2Hello/",Tomcat 会自动解压 war 包到同名目录 Web2Hello 下,并打开网站主页。

2. 通过 MyEclipse 的部署命令发布

使用 MyEclipse 的部署命令可以将 Web 项目直接部署到 Tomcat 服务器。在工具条上单击"部署"按钮,打开 MyEclipse 的部署对话框,如图 2-37 所示。

在图 2-37 中的 Project 下拉列表里选择需要部署的 Web 项目(如 Web2Hello),在 Deployments 中选择 MyEclipse Tomcat 7,如果 Deployment Status 出现 Successfuly deployed,表明部署成功,单击 OK 按钮即可。如果要创建新的部署,则单击 Add 按钮,在弹出的窗口中,从 Server 下拉列表中选择其他 Tomcat 服务器(如 Tomcat 7.x 外部服务器),

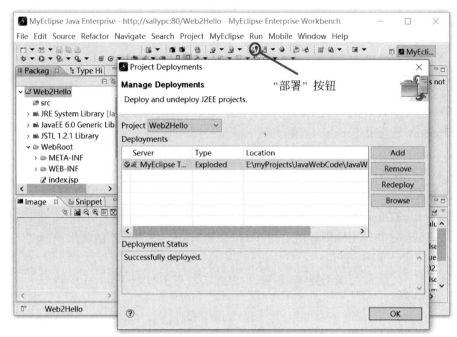

图 2-37　MyEclipse 的"部署"对话框

单击 Finish 按钮即可。

2.4　本章小结

本章分别介绍了 JDK、Tomcat 和 MyEclipse 的功能与下载、安装和配置方法,重点介绍 Tomcat 的发布目录的应用与虚拟目录的配置方法,以及在 MyEclipse 中创建与发布 Java Web 项目的具体过程。

2.5　实验指导

1. 实验名称
Java Web 开发平台应用测试。
2. 实验目的
(1) 掌握 Tomcat 的发布目录的应用。
(2) 掌握 Tomcat 的虚拟目录的配置方法。
(3) 学会在 MyEclipse 中创建与发布 Java Web 项目。
3. 实验内容
(1) 在 Tomcat 的 ROOT 子目录中发布一个网页。
(2) 修改 Tomcat 的 server.xml 文件发布一个网页。
(3) 在 MyEclipse 中创建与发布一个 Java Web 项目。

2.6   课后练习

一、判断题

1. 安装完 JDK 后,会自动配置环境变量。 ( )

2. Tomcat 和 JDK 都不是开源的。 ( )

3. Tomcat 是一个 Servlet 容器。 ( )

4. Tomcat 是 Web 服务器,不提供 JSP 引擎和 Servlet 引擎。 ( )

5. Tomcat 容器中如果将<session-timeout>元素中的时间值设置成 0 或一个负数,则表示会话永不超时。 ( )

6. 安装 MyEclipse 前必须保证已经安装了 JDK。 ( )

7. MyEclipse 中只能使用其内置的 Tomcat 运行 Web 项目,不能使用外部 Tomcat。

( )

8. MyEclipse 软件可以创建 Web 项目,但无法发布项目到 Tomcat 中。 ( )

二、名词解释

1. Web 容器   2. Tomcat

3. MyEclipse

三、单选题

1. 以下哪个不是 UNIX 和 Linux 平台下常用的 Web 服务器? ( )

     A. Apache Tomcat   B. Microsoft IIS

     C. BEA WebLogic   D. IBM WebSphere

2. 如何查看 Java 版本? ( )

     A. bin/startup.bat   B. Javac

     C. Bin/shutdown.bat   D. java-version

3. 设置虚拟发布目录,要修改( )。

     A. Tomcat 的 bin 目录中的 tomcat5.exe 文件

     B. Tomcat 的 webapps\ROOT 目录中的 index.jsp 文件

     C. Tomcat 的 conf 目录中的 server.xml 文件

     D. Tomcat 的 bin 目录中的 server.xml 文件

4. Tomcat 是一个( )容器。

     A. JSP/Servlet   B. Applet

     C. EJB   D. Swing 组件

5. Tomcat 服务器软件的默认发布目录是( )。

     A. work   B. webapps   C. lib   D. Bin

6. Tomcat 的默认端口是( )。

     A. 80   B. 8000   C. 8080   D. 8088

7. 设置默认主页需要在以下哪些文件中增加<welcome-file>标签? ( )

     A. Tomcat 的 conf 目录中的 web.xml 文件

     B. Tomcat 的 conf 目录下的 server.xml

C. 项目 WEB-INF 下的 server.xml

D. 项目 WEB-INF 下的 web.xml

8. 若选用 Tomcat 作为 Java Web 服务器,以下说法正确的是(　　)。

  A. 先安装 Tomcat,再安装 JDK　　　　B. 先安装 JDK,再安装 Tomcat

  C. 不需安装 JDK,只安装 Tomcat　　　　D. JDK 和 Tomcat 安装顺序没影响

9. Tomcat 使用默认端口号,在浏览器地址栏目中输入以下哪个网址访问默认主页。(　　)

  A. http://localhost:80　　　　　　B. http://127.0.0.1:80

  C. http://127.0.0.1:8080　　　　　　D. d:\Tomcat5.5\index.jsp

10. 下列说法哪一项是正确的?(　　)

  A. Apache 用于 ASP 技术所开发网站的服务器

  B. IIS 用于 CGI 技术所开发网站的服务器

  C. WebLogic 用于 PHP 技术所开发网站的服务器

  D. Tomcat 用于 JSP 技术所开发网站的服务器

11. 已经开发的 Servlet 文档通常发布于以下哪个文件夹中?(　　)

  A. /(根目录)　　　　　　　　　　B. /WEB-INF/

  C. /WEB-INF/classes　　　　　　　D. /WEB-INF/lib

12. 为配置 Tomcat 服务器,在系统中建立的 JAVA_HOME 和(　　)环境变量,分别指向 JDK 的展开目录和 Tomcat 的展开目录。

  A. CATALINA_HOME　　　　　　B. JASPER_HOME

  C. TOMCAT_HOME　　　　　　　D. WEBAPPS_HOME

13. 通过配置 Tomcat 来解决 GET 请求参数的乱码问题,可以在 server.xml 文件中的 Connector 结点下添加的属性是(　　)。

  A. useBodyEncodingForURI="false"　　B. useBodyEncoding="true"

  C. useBodyEncodingForURI="true"　　D. useBodyEncoding="false"

14. Tomcat 服务器的默认会话超时时间是(　　)。

  A. 30s　　　　　　B. 30min　　　　　　C. 30ms　　　　　　D. 30h

15. 下列选项中,可以成功修改 Tomcat 端口号为 80 的是(　　)。

  A. <Connect port="8080" protocol="HTTP/1.1"
connectionTimeout="20000" redirectPort="8443" />

  B. Connector port="8080" protocol="HTTP/1.1"
connectionTimeout="20000" redirectPort="8443" />

  C. <Connector port="80" protocol="HTTP/1.1"
connectionTimeout="20000" redirectPort="8443" />

  D. <Connect port="80" protocol="HTTP/1.1"
connectionTimeout="20000" redirectPort="8443" />

四、填空题

1. Tomcat 服务器的 webapps 子目录是 Web 应用程序的主要发布目录,通常将要发布的网站放到这个目录的_____子目录下。

2. Tomcat 服务器的_____子目录用于存放 Tomcat 的可执行文件和脚本文件。

3. Tomcat 服务器的_____子目录用于存放 Tomcat 的各种配置文件,如 web.xml、server.xml。

4. 配置虚拟目录可以通过修改 Tomcat 的 conf 子目录中的_____文件实现或者在 Tomcat 的 conf 子目录中的 Catalina\localhost 子路径下新建一个_____的 XML 配置文件实现。

5. _____软件主要用于 Java、Java EE 以及移动应用的开发。

6. Tomcat 服务器的默认端口号是_____。

7. 直接将 Web 应用部署到 Tomcat 的_____目录中是发布 Web 应用的方式之一。

五、简答题

1. 简述 Tomcat 6.0 以上版本目录结构和保存内容。

2. 如何将 Tomcat 服务器的网络监听端口 8080 改为其他端口号,解决端口冲突问题?

3. 什么是虚拟目录? 如何配置虚拟目录?

4. 如何将 hello.htm 页面配置成 Web 应用的默认主页?

5. 如何将 MyEclipse 中的 Web 项目发布到 Tomcat 服务器中?

六、上机实践题

1. 已知诗词文档 myCs1.html 保存在 E:\WebCode\目录中,其代码如下。

```html
<html>
<head>
    <title>myCs1.html</title>
    <meta name="content-type" content="text/html;
        charset=UTF-8">
</head>
<body>
    <h3 align="center">消防兵 [五绝·平水韵]</h3>
    <h5 align="center">文/鹭汀居士</h5>
    <p align="center">
    无需惧险侵,有难我来临。<br/>
    救死扶伤速,消防你放心。<br/>
    2021 年 7 月 29 号
    </p>
</body>
</html>
```

请新建一个 VirtualPath.xml 配置文件,为 myCs1.html 网页创建 http://localhost/VirtualPath/虚拟目录,简述实验过程。

2. 已知 myCs2.html 网页的代码如下。

```html
<html>
<head>
    <title>myCs2.html</title>
    <meta name="content-type" content="text/html;
```

```
              charset=UTF-8">
</head>
<body>
    <h3 align="center">秋如佳少妇 [五律·新韵]</h3>
    <h5 align="center">文/鹭汀居士</h5>
    <p align="center">
    秋熟佳少妇,稳重韵朦胧。<br>
    情意如枫火,香泽似桂浓。<br>
    当茶能品味,作画可描红。<br>
    你我应呵护,冬来万象空。<br>
    2022 年 9 月 22 号
    </p>
</body>
</html>
```

请修改 web.xml 配置文件,将 myCs2.html 网页设置为网站的默认主页,简述实验过程。

Web后端Servlet技术

视频讲解

📖**本章学习目标**：

- 能正确说明 Servlet 的原理和生命周期。
- 能正确描述 Servlet 接口的实现类与应用环境。
- 能熟练应用 GenericServlet 类和 HttpServlet 类编程。
- 能正确描述 web.xml 配置文件的组成和 URL 映射的访问流程。
- 能熟练应用 ServletConfig 与 ServletContext 接口编程。
- 能熟练应用 RequestDispatcher 对象编写转发和包含程序。

📖**主要知识点**：

- GenericServlet 和 HttpServlet 类。
- web.xml 的配置文件。
- ServletConfig 与 ServletContext 接口。
- RequestDispatcher 对象。

📖**思想引领**：

- 结合 Servlet 的特点，介绍国产软件的发展历程和面临的境遇。
- 激发学生投身国产 IT 生态自主可控事业的使命感。
- 让学生学会将爱国情怀应用到今后的工作中。
- 提高学生知识与技能的发展水平。

　　前面说过，网站前端文档虽然可以在浏览器中直接运行，但其功能有限，只能实现网站的静态设计和简单的动态功能。而复杂多变的动态功能必须在 Web 服务器或应用服务器等后端完成，Servlet 正是运行在后端的 Java 程序，它可以动态地接收来自 Web 浏览器或者其他 HTTP 客户端发出的请求，完成相应操作，并将运行结果和响应信息生成浏览器可以解释运行的网页发送给客户端，后面章节要介绍的 JSP 动态网页技术也是由它实现的，所以本章重点介绍其运行原理、主要特点和实现方法。

3.1　Servlet 的原理与特点

3.1.1　Servlet 的运行原理

　　第 2 章介绍的 Tomcat 是运行 Servlet 的容器，Servlet 可以访问 Tomcat 提供的所有服务，其运行原理如图 3-1 所示。

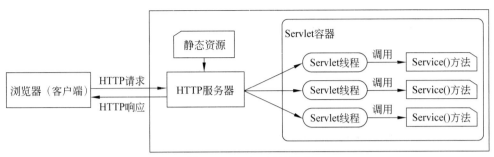

图 3-1　Servlet 运行原理

下面分析其执行过程。

1. 浏览器向 HTTP 服务器发出请求

用户在浏览器地址栏中输入请求页面的地址,浏览器对请求的 URL 进行域名解析,封装成 HTTP 报文,以流的方式将 HTTP 报文发送到 HTTP 服务器,即发出 HTTP 请求。

2. HTTP 服务器接收并转发请求

HTTP 服务器解析请求信息,根据该 URL 判断是请求 HTTP 静态资源,还是请求 Servlet 动态资源。如果是请求静态资源(例如,一个 HTML 页面),则 HTTP 服务器会简单地将该资源返回给浏览器;如果该请求的是 Servlet 动态资源(如 Servlet 或 JSP),则将该请求转交给 Servlet 容器(如 Tomcat)处理。

3. Servlet 容器创建 Servlet 线程

如果该请求是 Servlet 容器第一次收到的请求,容器会创建一个 Servlet 对象、一个 HttpServletRequest 请求对象和一个 HttpServletResponse 响应对象,并为 Servlet 对象创建和启动一个 Servlet 线程,然后将刚才创建的请求对象和响应对象传递给该线程。

当然,如果该请求是 Servlet 容器第二次或多次收到的请求,则无须再创建相同的 Servlet 对象,只需创建和启动一个新的 Servlet 线程来接收客户端的请求。

4. Servlet 线程处理请求

Servlet 对象中包含一个 service()方法,Servlet 线程调用该方法来处理浏览器发来的请求,该方法根据请求参数类型调用 doGet()或 doPost()方法来处理用户请求,并将处理结果生成静态 HTML 页面,然后返回给 Servlet 容器,Servlet 容器将该页面返回给 HTTP 服务器,HTTP 服务器将页面返回给浏览器。

5. Servlet 容器销毁 Servlet 线程

浏览器收到 HTTP 响应后,该用户请求处理完成,Servlet 容器会销毁线程或将线程放在线程池中,等待下一次请求。

3.1.2　Servlet 的运行特点

从以上介绍可知,Servlet 采用了多线程方式来处理 Servlet 请求,这既可以提高 Web 应用的性能,又可以有效地降低 Web 服务器的负担,其运行特点如下。

(1) 与 Java 应用程序不同,Servlet 没有 main()方法,不能直接独立运行,用户也不能直接调用 Servlet 应用程序,而是由 Servlet 容器根据传入的 HTTP 请求调用 Servlet 的方法。

（2）用户的每个请求对应一个 Servlet 线程,当一个 Servlet 被调用时,Servlet 容器把请求信息转发到 Servlet 线程,Servlet 容器根据 Servlet 线程的处理结果生成动态响应信息,然后把响应信息回送到 HTTP 服务器。

（3）每个 Servlet 线程一旦执行完任务,就被销毁或归还到线程池中。

（4）Servlet 容器中的每个 Servlet 原则上只有一个对象。

3.2　Servlet 接口与生命周期

Servlet API 包含 javax.servlet 和 javax.servlet.http 两个包,第一个包包含独立于协议的类和接口;第二个包是第一个包的子包,包含基于 HTTP 的类和接口。下面先介绍 javax.servlet 包中 Servlet 接口的相关知识。

3.2.1　Servlet 接口

Servlet 接口属于 javax.servlet 包,它定义了 5 个抽象方法,如果用 Servlet 接口来编写 Web 程序,则必须实现这 5 个抽象方法,下面分别介绍它们的功能。

（1）public void init(ServletConfig config) throws ServletException:该方法用于 Servlet 对象的初始化,在创建 Servlet 对象后被执行一次,如建立访问数据的连接、获取 Servlet 配置信息等。其中,ServletConfig 参数用于获取初始化信息。另外,init()方法如果运行错误,会抛出 ServletException 异常。

（2）public void service(ServletRequest req, ServletResponse res) throws ServletException, IOException:该方法用于处理客户端的请求。其中,ServletRequest 参数用于获得客户端的请求信息,ServletResponse 参数用于发送响应信息给客户端,在 Servlet 的生命周期中,service()方法会被多次执行,如果运行错误会抛出相关异常。

（3）public void destroy():该方法在 Servlet 对象销毁时调用,用于释放被销毁的 Servlet 对象所占用的资源。在整个 Servlet 生命周期中,destroy()方法只被调用一次。

（4）public ServletConfig getServletConfig():该方法用于获取容器调用 init()方法时传给 Servlet 对象的 ServletConfig 对象,该 ServletConfig 对象中包含 Servlet 的以名-值对形式提供的初始化参数。

（5）public String getServletInfo():该方法用于返回一个 String 类型的 Servlet 信息,其中包括 Servlet 的作者、版本和版权等相关信息。

以上 5 个方法的前面 3 个方法与 Servlet 的生命周期有关。

3.2.2　Servlet 生命周期

Servlet 运行在服务器端的 Servlet 容器中,其生命周期由 Servlet 容器来进行管理,包含加载与实例化、初始化、处理请求和服务终止 4 个阶段。

1. 加载与实例化

当 Servlet 容器启动或用户第一次请求 Servlet 服务时,Servlet 容器通过类加载器加载 Servlet 类。成功加载后,Servlet 容器调用 Servlet 的默认构造方法创建 Servlet 对象。

2. 初始化

Servlet 对象创建后,Servlet 容器调用 Servlet 的 init()方法来初始化 Servlet 对象,如建立数据库的连接,获取配置信息等。在初始化期间,Servlet 可以通过 ServletConfig 对象从 Web 应用程序的配置文件 web.xml 中获取初始参数信息。在整个 Servlet 生命周期中,对于每一个 Servlet 对象,init()方法只被调用一次。

3. 处理请求

init()方法成功执行之后,Servlet 容器调用 Servlet 的 service()方法来处理用户的请求,Servlet 容器将 ServletRequest 对象和 ServletResponse 对象作为参数传递给 service()方法,service()方法利用这两个对象来获取客户端的请求信息,或者将处理结果转为响应信息返回给客户端。对于同一个 Servlet 对象的多个客户请求,Servlet 容器为每一个请求的客户创建一个 Servlet 线程。在整个 Servlet 生命周期中,service()方法可以被多次调用。

4. 服务终止

当 Servlet 容器检测到 Servlet 对象准备从服务中移除时,Servlet 容器会调用 Servlet 对象的 destroy()方法来释放该 Servlet 对象占用的资源,并保存内存数据到持久存储设备中,最后销毁这个 Servlet 对象。在整个 Servlet 生命周期中,destroy()方法只被调用一次。如果用户再次请求这个 Servlet 时,则 Servlet 容器会创建一个新的 Servlet 对象。

另外,以上方法在执行过程中,如果发生异常,Servlet 对象会抛出 ServletException 初始化失败异常或者 UnavailableException 对象不可用异常来通知容器。

3.3 Servlet 接口的实现类

通过前面介绍的知识可知,Web 程序设计与 Servlet 接口有关,但该接口有 5 个抽象方法,如果直接用该接口来编写 Web 程序,则必须实现它的所有抽象方法,比较麻烦,所以一般不采用。通常的做法是应用 Servlet 接口的两个实现类,即 GenericServlet 子类和 HttpServlet 孙类,下面分别介绍它们。

3.3.1 实现类 GenericServlet

GenericServlet 类与协议无关,可以处理任何类型的请求,它实现了 Servlet 接口中除了 service()方法以外的其他 4 个方法,如果用该类来编写 Servlet 程序,则只需实现 service()抽象方法。该类在 javax.servlet 包中,它可以继承父接口的方法。GenericServlet 类的常用方法如表 3-1 所示。

表 3-1 GenericServlet 类的常用方法

方 法 格 式	功 能 描 述
public String getServletName()	返回配置文件中设置的 Servlet 对象名称
public ServletContext getServletContext()	返回当前 Web 应用的 Servlet 上下文对象
public Enumeration getInitParameterNames()	返回配置文件中定义的所有参数名的枚举集
public String getInitParameter(String name)	返回给定参数名称的参数值

接下来设计一个 GenericServlet 类的应用实例,如例 3-1 所示。

【例 3-1】 GenericServlet 类的应用实例,过程如下。

第 1 步,启动 MyEclipse 平台,新建 Web3Servlet 项目。

第 2 步,在 Web3Servlet 项目的 src 目录中创建 ch3 包,方法是:右击该项目的 src 目录→选择 New 菜单→选择 Package 菜单→在 Name 对应的文本框中输入包名(如 ch3)→单击 Finish 按钮。

第 3 步,在前面创建的 ch3 包中创建 N301GenericServletTest 类,方法如下。

(1) 右击 ch3 包→选择 New 菜单→选择 Servlet 菜单→弹出 Create a new Servlet 窗口,它是 Servlet 创建窗口,如图 3-2 所示。

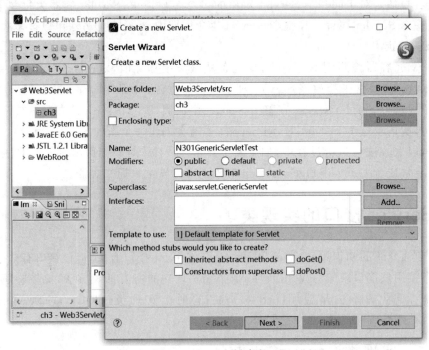

图 3-2　Servlet 创建窗口

(2) 在如图 3-2 所示的窗口的 Name 对应的文本框中输入类名"N301GenericServletTest",单击 Superclass 旁边的 Browse 按钮,选择 javax.servlet.GenericServlet 包,取消其他复选框的选择,单击 Next 按钮继续下一步,最后单击 Finish 按钮完成类的创建。

(3) 打开刚刚创建的 N301GenericServletTest 类,修改代码如下。

```
package ch3;
import java.io.*;
import javax.servlet.*;
public class N301GenericServletTest extends GenericServlet{
    public void service(ServletRequest req,ServletResponse res)
        throws IOException,ServletException{
        res.setContentType("text/html;charset=utf-8");
        PrintWriter out=res.getWriter();
```

```
        out.print("<html><body>");
        out.print("<b>这是一个 GenericServlet 的 Servlet 程序</b><br/>");
        out.print("ServletName:"+getServletName()+"<br/>");
        out.print("ServletConfig:"+getServletConfig()+"<br/>");
        out.print("ServletContext:"+getServletContext());
        out.print("</body></html>");
    }
}
```

其中,setContentType("text/html;charset=utf-8")方法用于设置输出文档类型为超文本,编码类型为 UTF-8 万国码,它支持中文。方法 getWriter()获取 out 输出流对象,可以利用 out 的 print("内容")方法将"内容"送到浏览器显示。

第 4 步,运行测试 N301GenericServletTest 类,方法如下。

(1)启动 Web3Servlet 项目。方法是右击前面创建的 Web3Servlet 项目,选择 Run As→MyEclipse Server Application 菜单。

(2)在 MyEclipse 平台的内部浏览器或外部浏览器中输入网址:

http://localhost/Web3Servlet/servlet/N301GenericServletTest

该实例获取了 Servlet 对象名称、ServletConfig 对象和 ServletContext 上下文对象,并且输出它们,GenericServlet 的运行结果如图 3-3 所示。

图 3-3　GenericServlet 的运行结果

3.3.2　实现类 HttpServlet

该类在 javax.servlet.http 包中,它是 GenericServlet 类的子类,用于创建应用于 HTTP 的 Servlet 对象。由于大多数 Web 应用都是通过 HTTP 与客户端进行交互的,所以它的应用实例最多,本章主要介绍它的使用方法。

HttpServlet 类将 HTTP 请求和 HTTP 响应分别强转为 HttpServletRequest 类和 HttpServletResponse 类对应的对象,并且重写了父类 GenericServlet 的 service()方法,将该方法分解为多个 HTTP 请求方式对应的 doXXX()方法,程序员不需要重写 service()方法,只需根据请求方式,重写对应的 doXXX()方法即可。HttpServlet 类的常用方法如表 3-2 所示。

表 3-2　HttpServlet 类的常用方法

方 法 格 式	功 能 描 述
protected void doGet（HttpServletRequest req，HttpServletResponse res）	处理 GET 类型的 HTTP 请求,该请求传送的数据放在请求行的 URI 中,其大小不超过 2KB,数据以明文方式传输,所以安全性差

续表

方 法 格 式	功 能 描 述
protected void doPost（HttpServletRequest req，HttpServletResponse res)	处理 POST 类型的 HTTP 请求,该请求以隐藏方式向 Web 服务器发送无限制长度的数据报,安全性好
protected void doPut（HttpServletRequest req，HttpServletResponse res)	处理 PUT 类型的 HTTP 请求,该请求允许客户端将文件传到服务器上
protected void doDelete（HttpServletRequest req，HttpServletResponse res)	处理 DELETE 类型的 HTTP 请求,该请求允许客户端删除服务器端的文档,很少使用
protected void doHead（HttpServletRequest req，HttpServletResponse res)	处理 HEAD 类型的 HTTP 请求,该请求返回 URL 对应的头信息
protected void doOptions（HttpServletRequest req，HttpServletResponse res)	处理 OPTIONS 类型的 HTTP 请求,该请求返回服务器支持的 HTTP 方法

以上 6 个方法中的前面两个使用频率比较高,下面设计一个用 HttpServlet 设计诗词显示类,如例 3-2 所示。

【例 3-2】 用 HttpServlet 设计诗词显示类,过程如下。

第 1 步,在前面创建的 ch3 包中创建 N302HttpServletTest 类,方法如下。

(1) 右击 ch3 包→选择 New 菜单→选择 Servlet 菜单→打开 Create a new Servlet 窗口,出现如图 3-4 所示的 HttpServlet 创建窗口。

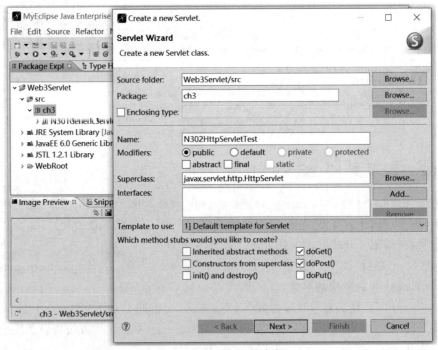

图 3-4　HttpServlet 创建窗口

(2) 在图 3-4 窗口中的 Name 对应的文本框中输入类名(如 N302HttpServletTest),选择 doGet( )和 doPost( )复选框,单击 Next 按钮,出现如图 3-5 所示的 HttpServlet 配置窗口。

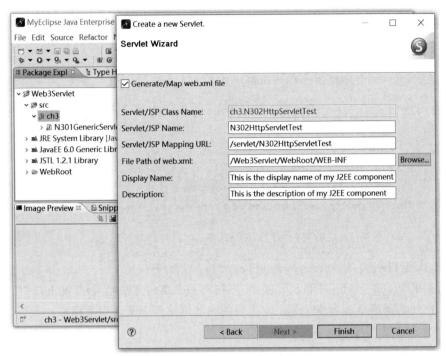

图 3-5　HttpServlet 配置窗口

通常选择图 3-5 中的默认值，不过有时会修改 Servlet/JSP Mapping URL 中的值，它是 Servlet 的地址映射。例如，删除其中的"servlet"单词，则网页的访问网址变为

```
http://localhost/Web3Servlet/N302HttpServletTest
```

如果按默认值不变，则访问网址为

```
http://localhost/Web3Servlet/servlet/N302HttpServletTest
```

其中，Web3Servlet 是本章的项目名，http://localhost/ Web3Servlet/是主页地址。以上信息也可以在配置文件 web.xml 中修改。

（3）单击 Finish 按钮，完成 N302HttpServletTest 类的创建。

（4）打开刚刚创建的 N302HttpServletTest 类，修改代码如下。

```
package ch3;
import java.io.*;
import javax.servlet.ServletException;
import javax.servlet.http.*;
public class N302HttpServletTest extends HttpServlet {
    public void doGet(HttpServletRequest request,
        HttpServletResponse response)
        throws ServletException, IOException {
        response.setContentType("text/html;charset=utf-8");
        PrintWriter out = response.getWriter();
        out.println("<html><body>");
```

```
        out.println("少年放学记忆 [七绝·通韵]<br/>");
        out.println("文/鹭汀居士:<br/>");
        out.println("幽幽曲径放学人,鸟语叽叽碧水村。<br/>");
        out.println("缕缕清香山路伴,炊烟袅袅近黄昏。<br/>");
        out.println("</body></html>");
        out.flush();
        out.close();
    }
    public void doPost(HttpServletRequest request,
        HttpServletResponse response)
        throws ServletException, IOException {
        this.doGet(request, response);
    }
}
```

第 2 步,运行测试 N302HttpServletTest 类,方法如下。

(1) 如果 Web3Servlet 项目已经关闭,则按前面介绍的方法重启该 Web 项目。

(2) 在外部浏览器或者 MyEclipse 平台的内部浏览器中输入以下网址。

```
http://localhost/Web3Servlet/servlet/N302HttpServletTest
```

HttpServlet 的运行结果如图 3-6 所示。

图 3-6　HttpServlet 的运行结果

3.4　Servlet 的配置文件

前面介绍了 Servlet 的接口和实现类,并且学习了两个应用实例,但有一点不知读者是否想过:Servlet 容器是怎么根据用户输入的网址找到 Servlet 类的? 这就要归功于 Servlet 配置文件(web.xml)了,该文件中保存了 URL 映射对应的 Servlet 类,以及 Servlet 启动时用到的初始参数等辅助信息和 Web 项目的默认主页等,其功能类似于 Web 应用地图。下面来学习该配置文件的结构和工作原理。

3.4.1　配置文件的组成

在创建 Web 项目时,MyEclipse 平台会为整个 Web 应用创建一个配置文件 web.xml,它包含 Web 应用程序的配置信息与部署信息,该文件保存在 WebRoot/WEB-INF 目录下。例如,Web3Servlet 项目完成例 3-2 创建后,web.xml 包含如下关键代码。

```xml
<?xml version="1.0" encoding="UTF-8"?>
<web-app version="3.0" …>
  <servlet>
    <description>This is the description of my J2EE
     component</description>
    <display-name>This is the display name of my J2EE component
     </display-name>
    <servlet-name>N302HttpServletTest</servlet-name>
    <servlet-class>ch3.N302HttpServletTest</servlet-class>
  </servlet>
  <servlet-mapping>
    <servlet-name>N302HttpServletTest</servlet-name>
    <url-pattern>/servlet/N302HttpServletTest</url-pattern>
  </servlet-mapping>
  <welcome-file-list>
    <welcome-file>index.jsp</welcome-file>
  </welcome-file-list>
</web-app>
```

以上配置文件的<web-app></web-app>标签的子标签主要配置以下三部分信息。

第一部分：用<servlet>标签及其子标签实现，主要配置 Servlet 的名称和其对应的类，它包含以下子标签。

（1）<description>：声明对 Servlet 的描述信息，可省略。

（2）<display-name>：声明发布时显示的 Servlet 名称，可省略。

（3）<servlet-name>：定义 Servlet 实例名，该名称必须与<servlet-mapping>的子标签<servlet-name>定义的名称相同，如例 3-2 的 Servlet 名是 N302HttpServletTest。

（4）<servlet-class>：定义<servlet-name>对应类的路径，包含包名与类名，如 N302HttpServletTest 的类是 ch3.N302HttpServletTest。

第二部分：用<servlet-mapping>标签及其子标签实现，主要配置 Servlet 的名称和其对应的 URL 映射，即相对网址，它包含以下子标签。

（1）<servlet-name>：定义 Servlet 实例名，该名称必须与<servlet>的子标签<servlet-name>定义的名称相同，如 N302HttpServletTest。

（2）<url-pattern>：定义<servlet-name>对应的访问路径映射，即浏览器地址栏中输入的 URL 地址中的虚拟目录（Web 项目名）后面的资源路径，如/servlet/N302HttpServletTest。

第三部分：用<welcome-file-list>及其子标签<welcome-file>配置 Web 项目的默认主页，默认是 index.jsp，用户可以修改或者添加多个。

另外，还有其他辅助信息的配置。例如，用<init-param>配置每个 Servlet 的初始化参数，用<context-param>配置整个 Web 项目的初始化参数，用<load-on-startup>指定容器载入 Servlet 时的优先顺序等。

3.4.2　URL 映射的访问流程

Servlet 容器是通过 web.xml 配置文件找到要访问的 Servlet 的。例如，当用户在浏览器中输入"http://localhost/Web3Servlet/servlet/ N302HttpServletTest",则 Servlet 容器的访问过程如下。

第一步：容器根据地址栏中的 URL 映射找到＜servlet-mapping＞中＜url-pattern＞对应的＜servlet-name＞。

例如,通过/servlet/ N302HttpServletTest 找到 N302HttpServletTest。

第二步：容器查找＜servlet＞中该＜servlet-name＞对应的＜servlet-class＞类。

例如,通过 N302HttpServletTest 找到 ch3.N302HttpServletTest 类。

第三步：容器运行要访问的 Servlet 类。

例如,运行 ch3 包中的 N302HttpServletTest 类。

3.5　ServletConfig 与 ServletContext

在配置文件 web.xml 中可以保存一些初始化信息,如 Web 使用的编码、共享的数据、联系信息、版权信息等,利用接口 ServletConfig 和接口 ServletContext 的对象可以访问这些信息,下面介绍这两个接口的使用方法。

3.5.1　ServletConfig 接口

ServletConfig 接口在 javax.servlet 包中,通过 Servlet 的 getServletConfig()方法可以获取其对象,该对象用于访问 web.xml 文件中用＜init-param＞标签定义的、属于某个 Servlet 的初始化信息。

1. ＜init-param＞标签

文件 web.xml 的＜servlet＞标签中除了包含＜servlet-name＞和＜servlet-class＞标签,还可包含一个或多个＜init-param＞标签,该标签用于定义包含它的 Servlet 初始化参数,该标签的＜param-name＞子标签定义参数名,＜param-value＞子标签定义参数值,它们配置的初始化信息属于包含它的 Servlet 对象。

例如,以下代码声明了两个初始参数,参数 encoding 的值是 UTF-8,参数 date 的值是 2022 年 3 月 13 日,它们是 MyServlet 类的初始化信息。

```
<servlet>
    …
    <servlet-name>MyServlet</servlet-name>
    <servlet-class>ch3.MyServlet</servlet-class>
    <init-param>
        <param-name>encoding</param-name>
        <param-value>UTF-8</param-value>
    </init-param>
    <init-param>
        <param-name>date</param-name>
        <param-value>2022 年 3 月 13 日</param-value>
    </init-param>
</servlet>
```

2. ServletConfig 接口方法

ServletConfig 接口中包含的方法可以访问 web.xml 配置文件中定义的 Servlet 初始化参数。ServletConfig 接口的常用方法如表 3-3 所示。

表 3-3　ServletConfig 接口的常用方法

方 法 格 式	功 能 描 述
public String getServletName()	返回 web.xml 中设置的 Servlet 实例名
public ServletContext getServletContext()	返回当前 Web 应用的 Servlet 上下文对象
public Enumeration getInitParameterNames()	返回配置文件的＜Servlet＞标签中定义的所有参数名的枚举集
public String getInitParameter(String name)	返回＜servlet＞中给定参数名称的参数值

下面设计一个 ServletConfig 访问配置参数的程序实例，如例 3-3 所示。

【例 3-3】　ServletConfig 访问配置参数的程序实例。

第 1 步，在 ch3 包中创建获取初始参数的 Servlet 类，代码如下。

```
package ch3;
import java.io.*;
import javax.servlet.*;
import javax.servlet.http.*;
public class N303ServletConfigTest extends HttpServlet {
    public void doGet(HttpServletRequest request,
        HttpServletResponse response)
        throws ServletException, IOException {
        response.setContentType("text/html;charset=utf-8");
        PrintWriter out = response.getWriter();
        ServletConfig config = this.getServletConfig();
        String author = config.getInitParameter("author");
        out.print("<html><body style= 'text-align:center'>");
        out.print("<h3>清平乐·鹏城大计 [李白体·词林正韵] </h3>");
        out.print("<h4>文/" + author + "</h4>");
        out.print("<p>");
        out.print("暮秋清夜,月照鹏城舍。<br/>");
        out.print("竹影抚书风送雅。妙手鸿图成画。<br/>");
        out.print("红粉不让须眉。求学明日西飞。<br/>");
        out.print("为我中华展翅。星辰铸造光辉。<br/>");
        out.print("2023-10-10");
        out.print("</p>");
        out.print("</body></html>");
    }
    public void doPost(HttpServletRequest request,
        HttpServletResponse response)
        throws ServletException, IOException {
        this.doGet(request, response);
```

```
    }
}
```

第 2 步,在 Web3Servlet 项目的 web.xml 配置文件中定义初始参数。方法是:在配置文件中<servlet-name>为 N303ServletConfigTest 的<servlet></servlet>标签中添加以下代码,它定义了参数 author 的值是鹭汀居士。

```
<init-param>
    <param-name>author</param-name>
    <param-value>鹭汀居士</param-value>
</init-param>
```

第 3 步,启动 Web3Servlet 项目,在浏览器中输入网址:

```
http://localhost/Web3Servlet/servlet/N303ServletConfigTest
```

HttpServlet 的运行结果如图 3-7 所示。

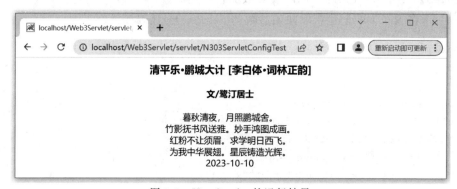

图 3-7　HttpServlet 的运行结果

3.5.2　ServletContext 接口

ServletContext 接口也是在 javax.servlet 包中。当 Servlet 容器启动时,会为每个 Web 应用创建一个唯一的 ServletContext 对象,它代表当前 Web 应用程序的上下文,可以通过 GenericServlet 类中的 getServletContext()方法获取该对象。该对象不仅封装了当前 Web 应用的所有信息,而且实现了多个 Servlet 之间的数据共享。ServletContext 接口定义了一组方法,使用这些方法可以访问 web.xml 中定义的共享数据,实现 Servlet 之间的通信。下面针对 ServletContext 接口的不同作用分别进行讲解。

1. 获取 Web 应用程序的全局初始参数

在 web.xml 文件中,利用一个或多个<context-param>标签可以声明多个属于整个网站的初始参数,它们可以被所有的 Servlet 共享。由于参数属于整个网站,所以标签<context-param>定义在根元素<web-app>中,它的子元素<param-name>和<param-value>分别用来指定参数的名字和参数值。例如:

```
<web-app version="3.0" …>
    <context-param>
        <param-name>百度百家号</param-name>
```

```
        <param-value>鸥鹭诗汀</param-value>
    </context-param>
    <context-param>
        <param-name>网名</param-name>
        <param-value>鹭汀居士</param-value>
    </context-param>
    ...
</web-app>
```

ServletContext 接口提供了访问＜context-param＞标签中定义的参数信息的方法，ServletContext 接口的参数获取方法如表 3-4 所示。

表 3-4　ServletContext 接口的参数获取方法

方 法 格 式	功 能 描 述
public Enumeration getInitParameterNames()	返回配置文件中定义的所有参数名的枚举集
public String getInitParameter(String name)	返回给定参数名称的参数值

接下来设计一个访问配置文件中的＜context-param＞参数的实例，如例 3-4 所示。

【例 3-4】　访问配置文件中的＜context-param＞参数的实例。

第 1 步，修改 Web3Servlet 项目的 web.xml 配置文件，方法是：在＜web-app＞语句的后面添加以下代码。

```
<context-param>
    <param-name>baijiahao</param-name>
    <param-value>鸥鹭诗汀</param-value>
</context-param>
<context-param>
    <param-name>intro</param-name>
    <param-value>生于星江旁,常饮星江水;现居北江头,网游云中寺;夜半听钟声,鹭汀一笠
翁......</param-value>
</context-param>
```

第 2 步，在 Web3Servlet 项目的 ch3 包中创建 Servlet 读取配置文件中参数的类，代码如下。

```
package ch3;
import java.io.*;
import java.util.Enumeration;
import javax.servlet.*;
import javax.servlet.http.*;
public class N304ServletContextTest extends HttpServlet {
    public void doGet(HttpServletRequest request,
        HttpServletResponse response)
        throws ServletException, IOException {
        response.setContentType("text/html;charset=utf-8");
        PrintWriter out = response.getWriter();
        ServletContext context = this.getServletContext();
```

```
        String bjh = context.getInitParameter("baijiahao");
        String info = context.getInitParameter("intro");
        out.print("<html><body style= 'text-align:center'>");
        out.print("<header style='color:white;
            background-color:green'>");
        out.print("<h1>" + bjh + "百家号</h1></header>");
        out.print("<article>");
        out.print("<h3>小宝求学祝愿 [五律·新韵]</h3>");
        out.print("<h5>文/鹭汀居士</h5>");
        out.print("<p>");
        out.print("双飞行万里,海角探真知。<br>");
        out.print("盼望修身早,兢忧济世迟。<br>");
        out.print("神州寻智库,寰宇访名师。<br>");
        out.print("携手天涯路,求学共此时。<br>");
        out.print("2022-08-19");
        out.print("</p>");
        out.print("</article>");
        out.print("<footer style='color:white;
            background-color:green'>");
        out.print("<p>诗人简介:" + info + "</p>");
        out.print("</footer>");
        out.print("</body></html>");
    }
    public void doPost(HttpServletRequest request,
        HttpServletResponse response)
        throws ServletException, IOException {
        this.doGet(request, response);
    }
}
```

第 3 步,启动 Web3Servlet 项目,在浏览器中输入网址:

http://localhost/Web3Servlet/servlet/N304ServletContextTest

HttpServlet 的运行结果如图 3-8 所示。

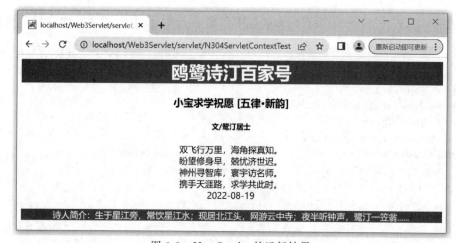

图 3-8   HttpServlet 的运行结果

2. 实现多个 Servlet 对象间的数据传送和共享

一个 Web 应用中的所有 Servlet 除了可以共享<context-param> </context-param>标签中的数据,还可以利用 ServletContext 对象的设置、删除和获取属性的方法来传送或共享数据。ServletContext 接口的属性访问方法如表 3-5 所示。

表 3-5 ServletContext 接口的属性访问方法

方 法 格 式	功 能 描 述
public Enumeration getAttributeNames()	返回所有属性名的枚举集合
public Object getAttribute(String name)	返回属性名为 name 的属性值
public void setAttribute(String name,Object object)	设置名称为 name 的属性值
public void removeAttribute(String name)	移除名称为 name 的属性

接下来设计一个 ServletContext 接口的属性访问实例,如例 3-5 所示。

【例 3-5】 ServletContext 接口的属性访问实例,过程如下。

第 1 步,在 Web3Servlet 项目的 ch3 包中创建设置 csdn 属性的 Servlet 类,代码如下。

```
package ch3;
import java.io.*;
import javax.servlet.*;
import javax.servlet.http.*;
public class N305setAttributeTest extends HttpServlet {
    public void doGet(HttpServletRequest request,
        HttpServletResponse response)
        throws ServletException, IOException {
        response.setContentType("text/html;charset=utf-8");
        PrintWriter out = response.getWriter();
        //用当前的 HttpServlet 对象获取 ServletContext 对象
        ServletContext context = this.getServletContext();
        //设置属性 csdn 的值
        context.setAttribute("csdn", "https://download.csdn.net/ user/cflynn/");
        out.print("<html><body>");
        out.print("网页 1 完成 csdn 网址的设置。<br>");
        out.print("</body></html>");
        out.flush();
        out.close();
    }
    public void doPost(HttpServletRequest request,
        HttpServletResponse response)
        throws ServletException, IOException {
        this.doGet(request, response);
    }
}
```

第 2 步,在 Web3Servlet 项目的 ch3 包中创建获取 csdn 属性的 Servlet 类,代码如下。

```java
package ch3;
import java.io.*;
import javax.servlet.*;
import javax.servlet.http.*;
public class N305getAttributeTest extends HttpServlet {
    public void doGet(HttpServletRequest request,
        HttpServletResponse response)
        throws ServletException, IOException {
        response.setContentType("text/html;charset=utf-8");
        PrintWriter out = response.getWriter();
        //用当前的 HttpServlet 对象获取 ServletContext 对象
        ServletContext context = this.getServletContext();
        //获取属性 csdn 的值
        String data = (String) context.getAttribute("csdn");
        out.print("<html><body>");
        out.print("<a href="+data+">网页 2 获取 csdn 资源链接</a>");
        out.print("</body></html>");
        out.flush();
        out.close();
    }
    public void doPost(HttpServletRequest request,
        HttpServletResponse response)
        throws ServletException, IOException {
        this.doGet(request, response);
    }
}
```

第 3 步,启动 Web3Servlet 项目,测试以上代码。

首先,在浏览器中输入设置属性的 Servlet 网址:

http://localhost/Web3Servlet/servlet/N305setAttributeTest

N305setAttributeTest 的运行结果如图 3-9 所示。

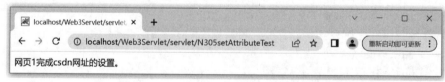

图 3-9　N305setAttributeTest 的运行结果

然后,在浏览器中输入获取属性的 Servlet 网址:

http://localhost/Web3Servlet/servlet/N305getAttributeTest

N305getAttributeTest 的结果如图 3-10 所示,单击链接会打开前面设置的网址。

3. 读取 Web 应用下的资源文件内容

除了利用前面的方法实现 Servlet 对象间的信息传递和共享,在实际开发中,有时希望

图 3-10　N305getAttributeTest 的结果

把共享数据保存在 properties 属性文件中,然后利用 ServletContext 接口中定义的方法来获取访问该资源文件的输入流,实现信息的传递和共享。ServletContext 接口的资源文件访问方法如表 3-6 所示。

表 3-6　ServletContext 接口的资源文件访问方法

方 法 格 式	功 能 描 述
public URL getResource(String path)	返回资源文件在服务器上的 URL 对象
public String getRealPath(String path)	返回资源文件在服务器上的真实绝对路径
public Set getResourcePaths(String path)	返回资源文件在服务器上的路径集
public InputStream getResourceAsStream(String path)	返回资源文件的输入流对象

例如,以下语句获取 index.jsp 在服务器上的真实绝对路径和 URL 地址对象。

```
String myPath = context.getRealPath("/index.jsp");
URL myUrl = context.getResource("/index.jsp");
```

接下来设计一个 ServletContext 接口访问属性文件的程序实例,如例 3-6 所示,代码中用到 java.util 包中定义的 Properties 属性集类,该类的功能是保存键值对的集合。

【例 3-6】　ServletContext 接口访问属性文件的程序实例,方法如下。

第 1 步,在 ch3 包中创建 N306urlInfo.properties 属性文件,方法如下。

(1) 右击项目中的 ch3 包,选择 New 菜单→选择 File 菜单→打开 New File 对话框→在 File Name 对应的文本框中输入"N306urlInfo.properties"文件名→单击 Finish 按钮。

(2) 打开刚刚创建的属性文件→单击 Add 按钮→为该文件添加以下两行属性内容,属性文件创建窗口如图 3-11 所示。

图 3-11　属性文件创建窗口

```
name = 鸥鹭诗汀百家号链接
url = https://baijiahao.baidu.com/u? app_id=1673046887289801
```

第 2 步，在 ch3 包中创建读取属性文件的 Servlet 类，代码如下。

```
package ch3;
import java.io. * ;
import java.util.Properties;
import javax.servlet. * ;
import javax.servlet.http. * ;
public class N306getResourceTest extends HttpServlet {
    public void doGet(HttpServletRequest request,
        HttpServletResponse response)
        throws ServletException, IOException {
        response.setContentType("text/html;charset=utf-8");
        PrintWriter out = response.getWriter();
        //用当前的 HttpServlet 对象获取 ServletContext 对象
        ServletContext context = this.getServletContext();
        //根据资源的路径获取输入流对象
        InputStream in = context.getResourceAsStream ("/WEB-INF/
        classes/ch3/N306urlInfo.properties");        //获取输入流对象
        Properties pros = new Properties();           //创建属性集对象
        pros.load(in);                                //读取文件的键值对到属性集中
        //获取属性 name 的值,其中保存了链接名
        String name = pros.getProperty("name");
        //获取属性 url 的值,其中保存了链接 URL
        String  url = pros.getProperty("url");
        out.print("<html><body>");
        //输出链接
        out.print("<a href="+ url +">"+name+"</a><br>");
        out.print("</body></html>");
    }
    public void doPost(HttpServletRequest request,
        HttpServletResponse response)
        throws ServletException, IOException {
        this.doGet(request, response);
    }
}
```

第 3 步，启动 Web3Servlet 项目，在浏览器中输入以下网址：

```
http://localhost/Web3Servlet/servlet/N306getResourceTest
```

HttpServlet 的运行结果如图 3-12 所示，单击链接会打开属性文件中设置的网址。

4. ServletContext 接口的 getRequestDispatcher(String path)方法

public RequestDispatcher getRequestDispatcher (String path) 方 法 返 回 一 个 RequestDispatcher 对象。当然，也可以利用 HttpServletRequest 对象的同样方法获取该对

图 3-12 HttpServlet 的运行结果

象,下面详细介绍。

3.6 RequestDispatcher 对象

RequestDispatcher 对象用于封装一个由路径所标识的服务器资源,其 path 参数必须以斜杠(/)开始,即从上下文根路径开始。其功能是把客户端的请求转发到另一个服务器来处理,或者把另一个服务器的资源包含在当前服务器的请求网页中。RequestDispatcher 包含的方法如表 3-7 所示。

表 3-7 RequestDispatcher 包含的方法

方 法 格 式	功 能 描 述
public void forward (ServletRequest request, ServletResponse response)	将请求从一个 Servlet 转发给本服务器或其他服务器上的其他 Servlet 或者 JSP 页面
public void include (ServletRequest request, ServletResponse response)	用于在当前响应中包含其他资源(Servlet、JSP 页面或者 HTML 文件)的响应消息

接下来设计一个 RequestDispatcher 对象的 include()方法应用实例,如例 3-7 所示。

【例 3-7】 RequestDispatcher 对象的 include()方法应用实例,代码如下。

```java
package ch3;
import java.io.*;
import javax.servlet.*;
import javax.servlet.http.*;
public class N307RequestDispatcherTest extends HttpServlet {
    public void doGet(HttpServletRequest request,
        HttpServletResponse response)
        throws ServletException, IOException {
        response.setContentType("text/html;charset=utf-8");
        PrintWriter out = response.getWriter();
        ServletContext context = this.getServletContext();
        String url = "/servlet/N306getResourceTest";
        //利用 request 对象获取 RequestDispatcher 对象
        RequestDispatcher rd = request.getRequestDispatcher(url);
        out.print("<html><body>");
        out.print("调用 include()方法之前" + "<br>");
        rd.include(request, response);           //包含例 3-6 中的网页
        //rd.forward(request, response);
```

```
out.print("调用 include()方法之后" + "<br>");
out.print("</body></html>");
out.flush();
out.close();
    }
public void doPost(HttpServletRequest request,
    HttpServletResponse response)
    throws ServletException, IOException {
    this.doGet(request, response);
    }
}
```

启动 Web3Servlet 项目,在浏览器中输入以下网址测试前面的代码:

http://localhost/Web3Servlet/servlet/N307RequestDispatcherTest

其运行结果如图 3-13 所示。

图 3-13　include()方法的运行结果

如果把以上代码中的 rd.include(request,response)语句改为 rd.forward(request,response),则实现请求转发功能,其运行结果如图 3-14 所示。

图 3-14　forward()方法的运行结果

从图 3-13 和图 3-14 的运行结果可以看出,调用 RequestDispatcher 对象的方法后,浏览器中的地址并没有改变。

3.7　本章小结

本章主要介绍了 Servlet 的运行原理、特点与生命周期,演示了 GenericServlet 和 HttpServlet 类的创建过程,分析了部署配置文件 web.xml 的配置方法,讲解了 ServletConfig 与 ServletContext 接口,以及 RequestDispatcher 对象的应用方法。

3.8　实验指导

1. 实验名称

Servlet 接口的应用测试。

2. 实验目的

（1）掌握 HttpServlet 类的创建过程。

（2）掌握 web.xml 的配置方法。

（3）学会 ServletConfig 与 ServletContext 接口的应用方法。

3. 实验内容

（1）参考例 3-2 设计一个 HttpServlet 的应用实例。

（2）参考例 3-3 设计一个用 ServletConfig 访问配置文件参数的实例。

（3）参考例 3-5 设计一个利用 ServletContext 接口实现属性的设置与获取的实例。

3.9　课后练习

一、判断题

1. 动态网页和静态网页的根本区别在于服务器端返回的 HTML 文件是事先存储好的还是由动态网页程序生成的。　　　　　　　　　　　　　　　　　　（　　）

2. 一个 Web 应用下子目录的命名没有特殊规定，可以随意命名。　　（　　）

3. 运行 Servlet 需要在 web.xml 中注册。　　　　　　　　　　　　（　　）

4. Servlet 不需要部署就能直接使用。　　　　　　　　　　　　　　（　　）

5. 一个 Servlet 可以映射多个虚拟路径。　　　　　　　　　　　　　（　　）

6. Servelt 是使用 Java Servlet API 所定义的相关类和方法的 Java 程序，它运行在启用 Java 的 Web 服务器或应用服务器端，用于扩展该服务器的能力。　　　（　　）

7. 在 Servlet 中处理 HTTP 的 Get 请求时调用的方法是 doPost()方法。　（　　）

8. GenericServlet 类与协议无关，可以处理任何类型的请求。　　　（　　）

9. 利用 web.xml 文件，Servlet 容器可根据用户输入的网址找到 Servlet 类。　（　　）

10. ServletConfig 对象可以实现多个 Servlet 之间的数据共享。　　（　　）

11. 实现转发需要两个步骤，首先在 Servlet 中要得到 RequestDispatcher 对象，然后在调用该对象的 forward()方法中实现转发。　　　　　　　　　　　　（　　）

12. 重定向功能是将用户从当前页面或 Servlet 定向到另一个 JSP 页面或 Servlet。

　　　　　　　　　　　　　　　　　　　　　　　　　　　　　　　（　　）

二、名词解释

1. Servlet　　　　　　　　　　　　2. ServletConfig

3. ServletContext　　　　　　　　　4. RequestDispatcher

三、单选题

1. 下列哪个对象不能直接访问 ServletContext？（　　）

　　A. ServletRequest　　　　　　　　B. ServletConfig

C. ServletContext   D. HttpSession

2. 下面哪一项不在 Servlet 的工作过程中?(   )

   A. 服务器将请求信息发送至 Servlet

   B. 客户端运行 Applet

   C. Servlet 生成响应内容并将其传给服务器

   D. 服务器将动态内容发送至客户端

3. 在 web.xml 文件中的哪个标签指定了 Servlet 类的访问路径?(   )

   A. <servlet>中的<servlet-name>

   B. <url-pattern>

   C. <servlet-class>

   D. <servlet-mapping>中的<servlet-name>

4. 下列哪一项不是 Servlet 中使用的方法?(   )

   A. doGet()   B. doPost()

   C. service()   D. close()

5. 在 Java EE 中,以下对 RequestDispatcher 描述正确的是(   )。

   A. JSP 中有一个隐含的对象 dispatcher,它的类型是 RequestDispatcher

   B. ServletConfig 有 getRequestDispatcher()方法可以返回 RequestDipatcher 对象

   C. RequestDipatcher 有 forward()方法可以把请求传递给别的 Servlet 或 JSP 页面

   D. JSP 中有一个隐含的默认对象 request,它的类型是 RequestDipatcher

6. Servlet 的生命周期由一系列事件组成,把这些事件按照先后顺序排序,以下正确的是(   )。

   A. 加载类,实例化,请求处理,初始化,销毁

   B. 加载类,实例化,初始化,请求处理,销毁

   C. 实例化,加载类,初始化,请求处理,销毁

   D. 加载类,初始化,实例化,请求处理,销毁

7. Servlet 程序的入口点是(   )。

   A. init()   B. main()   C. service()   D. doGet()

8. 下列选项中,哪个是 web.xml 中配置初始化参数的标签?(   )

   A. <param-init>   B. <init-param>

   C. <param>   D. <init>

9. 下面选项中,用于设置 ServletContext 域属性的方法是(   )。

   A. setAttribute(String name,String obj)

   B. setParameter(String name,Object obj)

   C. setAttribute(String name,Object obj)

   D. setParameter(String name,String obj)

10. 下面选项中,用于根据虚拟路径得到文件的真实路径的方法是(   )。

   A. String getRealPath(String path)

   B. URL getResource(String path)

   C. Set getResourcePaths(String path)

    D. InputStream getResourceAsStream（String path）

  11. RequestDispatcher 接口中用于将请求从一个 Servlet 传递给另一个 Web 资源的方法是（　　）。

    A. forward（ServletResponse response，ServletRequest request）

    B. include（ServletRequest request，ServletResponse response）

    C. forward（ServletRequest request，ServletResponse response）

    D. include（ServletResponse response，ServletRequest request）

  12. 在 web.xml 中有如下代码：

```
<web-app>
<servlet>
    <servlet-name>LoginServlet</servlet-name>
    <servlet-class>ch5.LoginServlet</servlet-class>
</servlet>
<servlet-mapping>
    <servlet-name> LoginServlet </servlet-name>
    <url-pattern> /LoginServlet </url-pattern>
</servlet-mapping>
</web-app>
```

  下列选项描述正确的是（　　）。

    A. 在＜servlet-mapping＞中的＜url-patten＞表示用户请求访问 Servlet 的 URL

    B. Servlet 容器会根据＜servlet-class＞查找到与其对应的＜servlet-name＞

    C. ＜servlet＞中的＜servlet-name＞内容与＜servlet-mapping＞中的＜servlet-name＞内容可以不一致

    D. 以上描述都不正确

  13. 下面选项中，哪个方法用于返回映射到某个资源文件的 URL 对象？（　　）

    A. getRealPath（String path）

    B. getResource（String path）

    C. getResourcePaths（String path）

    D. getResourceAsStream（String path）

  14. Servlet 接受请求时，会调用（　　）。

    A. service（）   B. doGet（）   C. doPost（）   D. init（）

四、填空题

  1. Servlet 接口的_____方法用于对 Servlet 对象的初始化工作，_____方法用于释放被销毁的 Servlet 对象所使用的资源，_____方法用于处理客户端的请求。

  2. 如果想获取 Servlet 的作者、版本和版权等相关信息，可以使用_____方法。

  3. Servlet 的生命周期包含_____、_____、_____和服务终止 4 个阶段。

  4. 抽象类_____是用于创建应用于 HTTP 的 Servlet，其中，_____方法用于处理 GET 请求，_____方法用于处理 POST 请求。

  5. ServletConfig 接口方法用于访问 web.xml 配置文件中_____标签中的 Servlet 初

始化信息。

6. ServletContext 接口方法用于访问 web.xml 配置文件中_____标签中的 Servlet 初始化信息。

7. RequestDispatcher 对象的_____方法用于将请求从一个 Servlet 转发给服务器上的其他的 Servlet 或者 JSP 页面。

8. RequestDispatcher 对象的_____方法用于在响应中包含其他资源（Servlet、JSP 页面或者 HTML 文件）的响应消息。

9. Servlet 的生命周期分为三个时期：装载 Servlet、_____、销毁。

10. 理论上，GET 用于获取服务器信息并将其作为响应返回给客户端，_____用于客户端把数据传送到服务器。

11. 运行 Servlet 需要在_____文件中注册。

12. 在 Servlet 容器启动每一个 Web 应用时，就会创建一个唯一的 ServletContext 对象，该对象和 Web 应用具有相同的_____。

13. 在 Servlet 开发中，实现了多个 Servlet 之间数据共享的对象是_____。

14. ServletConfig 对象是由_____创建出来的。

15. 在 XML 文档中，元素一般是由开始标记、属性、_____和结束标记构成。

16. 新建一个继承 HttpServlet 的类，一般重写 doGet()和_____方法。

17. 在 Servlet 中，response.getWriter()返回的是_____。

五、简答题

1. 简述编写一个 Servlet 程序的基本步骤。

2. Servlet 生命周期包括哪几个阶段？介绍各个阶段完成的任务。

3. 请列举 Servlet 接口中的方法，并分别说明这些方法的特点及其作用。

4. 简述 ServletContext 接口的三个主要作用。

5. 简述 Servlet 容器通过 web.xml 找到要访问的 Servlet 的 URL 的映射流程。

6. 请求转发与请求重定向的区别是什么？

六、程序填空题

1. 以下代码的功能是利用 ServletContext 对象获取配置文件中＜context-param＞标签中声明的多个属于网站中所有 Servlet 共享的初始参数并显示出来，请按要求填写下画线部分的代码。

```
public class N5ServletContext extends HttpServlet {
    public void doGet(HttpServletRequest request,
HttpServletResponse response) throws ServletException, IOException {
        response.setContentType("text/html;charset=utf-8");
        PrintWriter out = response.getWriter();
        ServletContext context = this.getServletContext();
        Enumeration<String> paramNames = context.    ①    ;
        out.print("下面是配置文件中的全局参数名和参数值:<br>");
        while (paramNames.hasMoreElements()) {
            String name = paramNames.    ②    ;
            String value = context.    ③    ;
```

```
            out.print(name + ": " + value);
            out.print("<br>");
        }
    }
}
```

2. 以下代码的功能是利用 GenericServlet 接口的方法获取 ServletConfig 对象和 ServletContext 对象并输出其名称,请按要求填写下画线部分的代码。

```
public class N5GenericServlet extends HttpServlet {
    public void doGet(HttpServletRequest request,
HttpServletResponse response) throws ServletException, IOException {
        response.setContentType("text/html;charset=utf-8");
        PrintWriter out = response.getWriter();
        out.print("ServletConfig:"+____①____);
        out.print("<br>ServletContext:"+____②____);
    }
}
```

七、程序分析题

1. 分析下列代码并写出其功能。

```
public class N5ServletConfig extends HttpServlet {
    public void doGet(HttpServletRequest request,
HttpServletResponse response) throws ServletException, IOException {
        response.setContentType("text/html;charset=utf-8");
        PrintWriter out = response.getWriter();
        ServletConfig config = this.getServletConfig();
        String param1 = config.getInitParameter("百度百家号");
        String param2 = config.getInitParameter("网名");
        out.print("<html><body>");
        out.print("百度百家号:" + param1 + "<br >");
        out.print("网名:" + param2 + "<br >");
        out.println("</body></html>");
    }
}
```

2. 简述用户在浏览器中输入 N5ServletConfig 的 URL 时,平台是如何从下列 web.xml 配置文件中找到目标资源的。

```
<servlet>
    <servlet-name>N5ServletConfig</servlet-name>
    <servlet-class>ch5.N5ServletConfig</servlet-class>
    <init-param>
        <param-name>百度百家号</param-name>
        <param-value>鸥鹭诗汀</param-value>
    </init-param>
```

```xml
        <init-param>
          <param-name>网名</param-name>
          <param-value>鹭汀居士</param-value>
        </init-param>
    </servlet>
    <servlet-mapping>
        <servlet-name>N5ServletConfig</servlet-name>
        <url-pattern>/N5ServletConfig</url-pattern>
    </servlet-mapping>
```

3. 分析下列代码并写出其功能。

```java
public class N5countNumber extends HttpServlet {
    public void doGet(HttpServletRequest request,
HttpServletResponse response) throws ServletException, IOException {
        response.setContentType("text/html;charset=utf-8");
        PrintWriter out = response.getWriter();
        ServletContext context = getServletContext();
        //获取上下文中保存的属性值
        Integer num = (Integer) context.getAttribute("number");
        if (num == null) {   num = new Integer(1);}
        else { num = new Integer(num.intValue() + 1);}
        context.setAttribute("number",num);    //设置属性值
        out.println("被访问"+ num +"次");
    }
}
```

八、程序设计题

1. 用 HttpServlet 类编程，向浏览器输送以下诗词内容。

山村秋景［七绝·平水韵］

文/鹭汀居士：

袅袅炊烟澹澹波，山峦泉水养秋禾。

清扬少女田间憩，旖旎身材妙靥窝。

2022 年 8 月 26 日

2. 编写读取和显示 Servlet 配置中 tel 参数值的关键代码。

3. 请在配置文件的＜web-app＞＜/web-app＞标签之间定义全局参数 encoding 和 date，供网站中所有的 Servlet 共享。

第 4 章
Servlet请求与响应接口

视频讲解

📖**本章学习目标：**

- 能利用 HttpServletRequest 接口获取请求消息与请求参数。
- 能正确设置请求消息的字符编码。
- 能利用 HttpServletResponse 接口访问 HTTP 响应状态行与响应消息头。
- 能正确设置响应消息的字符编码。
- 能熟练编写文件下载页面。

📖**主要知识点：**

- 请求行与请求头信息的获取。
- 表单数据的获取。
- HTTP 响应头部的访问。
- 文件下载功能的实现。

📖**思想引领：**

- 介绍 Servlet 请求与响应的关系，引申出团队成员的关系。
- 培养学生团队合作的精神。

第 3 章说过，在 Web 服务器运行阶段，Servlet 容器收到 HTTP 浏览器或者其他 HTTP 客户端发出的请求后，会创建一个请求对象（HttpServletRequest）和一个响应对象（HttpServletResponse），作为参数传递给 Servlet 线程的 service（）方法处理。其中，HttpServletRequest 用于封装 HTTP 请求消息，简称 request 对象；HttpServletResponse 用于封装 HTTP 响应消息，简称 response 对象。本章将详细讲解这两个对象。

4.1 HttpServletRequest 接口

在 javax.servlet.http 包中定义了 ServletRequest 接口的 HttpServletRequest 子接口，该子接口专门用于封装 HTTP 的请求消息，调用其相关方法可以获得其请求消息。在第 1 章介绍过，客户端向服务器端发出的 HTTP 请求报文由请求行、请求头部和请求数据体三部分构成。

4.1.1 获取请求消息的方法

HttpServletRequest 对象封装了 HTTP 的请求消息，即请求消息包含什么？假如网址 http://localhost/xmPath/myForm.html 是一个以 POST 方式提交的表单，当用户输入用户名和密码提交后,客户端向服务器端发出的 HTTP 请求报文由以下三部分构成。

（1）请求行：包含请求的方法、地址定位 URL、HTTP 版本等信息。

例如：

```
POST  /xmPath/myForm.html  HTTP/1.1
```

（2）请求头部：客户端向服务器端传送的附加消息。例如：

```
Accept:application/x-ms-application,image/jpeg,image/gif, * / *
Referer:http://localhost/xmPath/myForm.html
Accept-Language:zh-CN
Accept-Encoding:gzip,deflate
User-Agent:Mozilla/5.0 (Windows; U; Windows NT 5.1; en-US; rv:1.7.6) Gecko/
20050225 Firefox/1.0.1
Content-Type:application/x-www-form-urlencoded
Content-Length:28
Host:localhost
Connection:Keep-Alive
```

其中，Accept、Referer、Accept-Language、Accept-Encoding、User-Agent、Content-Type、Content-Length、Host 和 Connection 分别表示浏览器可接受的 MIME 类型、当前页面来自哪个页面的超链接、希望接收的语言种类、能解码的压缩格式、浏览器的版本信息、请求数据类型、请求数据大小、主机域名、连接的状态等信息。

（3）请求数据体：传送给服务器的数据内容,这部分与请求头部之间有一个空行。例如：

```
userName=zhangsan & password=sdjsj
```

HttpServletRequest 对象提供的方法可以获取请求行与请求头信息,其常用方法如表 4-1 所示。

表 4-1　获取请求行与请求头信息的常用方法

方 法 格 式	功 能 描 述
public String getMethod()	返回请求所用的 HTTP 方法名,如 GET、POST 等
String getProtocol()	返回请求使用的协议名称和版本,如 HTTP/1.1
String getScheme()	返回请求使用的协议名称,如 http、https 或 ftp
String getServerName()	返回请求发送到的服务器主机名,如 localhost
int getServerPort()	返回请求发送到的服务器端口号,如 80
String getLocalName()	返回请求连接到的服务器域名,如 0.0.0.0
String getLocalAddr()	返回请求连接到的服务器的 IP 地址,如 0.0.0.0
int getLocalPort()	返回请求连接到的服务器端口号,如 80
String getRemoteHost()	返回请求连接的客户机或最后一个代理的完整名称
String getRemoteAddr()	返回请求连接的客户机或最后一个代理的 IP 地址

续表

方 法 格 式	功 能 描 述
int getRemotePort()	返回请求连接的客户机或最后一个代理的端口号
public StringBuffer getRequestURL()	返回 URL 中的全路径,包括协议、服务器名、端口号和资源路径,但不包括后面的查询字符串,如 http://localhost:80/xmPath/myServletPath
public String getRequestURI()	返回请求 URL 中的资源路径,即上下文路径＋Servlet 映射地址,如/xmPath/myServletPath
public String getContextPath()	返回请求 URL 中的上下文路径,即项目名,如/xmPath
public String getServletPath()	返回请求 URL 中的 Servlet 映射地址,如/myServletPath
public String getQueryString()	返回位于 URL 路径和问号之后的查询字符串,如 x＝2
String getPathInfo()	返回请求发送的 URL 相关联的额外路径信息,该信息位于 Servlet 映射之后但在查询字符串之前
String getPathTranslated()	返回在 Servlet 映射之后但在查询字符串之前的额外路径信息,并将它转换为实际路径
public Enumeration getHeaderNames()	返回请求中包含的所有头字段的枚举集合
public String getHeader(String name)	返回名字为 name 的头字段的值。例如,获取发出请求的链接地址 getHeader("referer")
public Enumeration getHeaders(String name)	返回名字为 name 的头字段的所有值的枚举集合
long getDateHeader(String name)	以 long 值的形式返回头字段的 Date 对象值
int getIntHeader(String name)	以 int 的形式返回头字段的值

接下来设计一个获取请求行与请求头信息的程序实例,如例 4-1 所示。

【例 4-1】 获取请求行与请求头信息的程序实例,设计过程如下。

第 1 步,在 MyEclipse 平台新建 Web4RequResp 项目,然后在该项目的 src 目录中创建 ch4 包,在 ch4 包中创建如下 Servlet 代码。

```java
package ch4;
import java.io.*;
import java.util.Enumeration;
import javax.servlet.*;
import javax.servlet.http.*;
public class N401RequestLineHeader extends HttpServlet {
    public void doGet(HttpServletRequest req,
        HttpServletResponse resp)
        throws ServletException, IOException {
        resp.setContentType("text/html;charset=utf-8");
        PrintWriter out = resp.getWriter();
        out.print("<html><body>");
        out.print("获取请求行的相关信息 :<br>");
        out.print("Method : " + req.getMethod() + "<br>");
        out.print("Protocol : " + req.getProtocol() + "<br>");
```

```java
        out.print("Scheme : " + req.getScheme() + "<br>");
        out.print("ServerName : " + req.getServerName() + "<br>");
        out.print("ServerPort : " + req.getServerPort() + "<br>");
        out.print("LocalName : " + req.getLocalName() + "<br>");
        out.print("LocalAddr : " + req.getLocalAddr() + "<br>");
        out.print("LocalPort : " + req.getLocalPort() + "<br>");
        out.print("RemoteHost : " + req.getRemoteHost() + "<br>");
        out.print("RemoteAddr : " + req.getRemoteAddr() + "<br>");
        out.print("RemotePort : " + req.getRemotePort() + "<br>");
        out.print("RequestURL : " + req.getRequestURL() + "<br>");
        out.print("RequestURI : " + req.getRequestURI() + "<br>");
        out.print("ContextPath:"+req.getContextPath() + "<br>");
        out.print("ServletPath:"+req.getServletPath() + "<br>");
        out.print("QueryString:"+req.getQueryString() + "<br>");
        out.print("PathInfo : " + req.getPathInfo() + "<br>");
        out.print("<br>获取请求消息中所有头字段 :<br>");
        Enumeration headerNames = req.getHeaderNames();
        while (headerNames.hasMoreElements()) {
            String headerName
                = (String) headerNames.nextElement();
            out.print(headerName + "头字段 : "+
                req.getHeader(headerName)+ "<br>");
        }
        out.print("</body></html>");
        out.flush();
        out.close();
    }
    public void doPost(HttpServletRequest req,
        HttpServletResponse resp)
        throws ServletException, IOException {
        this.doGet(req, resp);
    }
}
```

第 2 步，测试以上代码。在浏览器中输入网址：

http://localhost/Web4RequResp/N401RequestLineHeader? Pi=3.14

HttpServlet 的运行结果如图 4-1 所示。

4.1.2　获取请求参数的方法

在 Web 开发实例中，经常需要获取用户提交的表单数据，例如，用户名、密码等信息。为了实现该功能，在 ServletRequest 接口中定义了获取请求参数的相关方法，其子接口 HttpServletRequest 继承这些方法，其常用方法如表 4-2 所示。

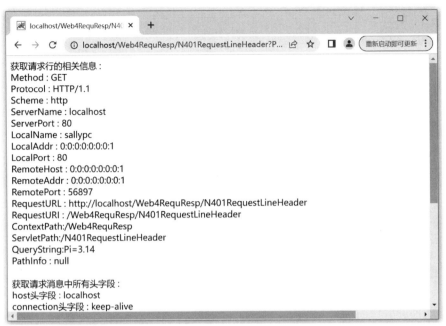

图 4-1　HttpServlet 的运行结果

表 4-2　获取请求参数的常用方法

方 法 格 式	功 能 描 述
String getParameter(String name)	获取某请求参数的值,如果参数不存在,则返回 null
String[] getParameterValues(String name)	获取某请求参数拥有的所有值的 String 数组,如果该参数不存在,则返回 null
Enumeration getParameterNames()	获取请求中包含的所有参数名称的枚举集
Map<K, V> getParameterMap()	获取请求中包含的所有参数的键值对的映射集

接下来设计一个获取请求参数的程序实例,如例 4-2 所示。

【例 4-2】　获取请求参数的程序实例,设计过程如下。

第 1 步,创建输入表单。方法是右击 WebRoot 目录,选择 New 菜单,选择 HTML 菜单,创建 n402form.html 表单提交网页,代码如下。

```
<!DOCTYPE HTML>
<html>
<head>
  <meta name="content-type" content="text/html; charset=gb2312">
</head>
<body>
<form action="N402RequestParams"  method="POST">
  <table border="0">
  <tr>
    <td colspan="2">
    <h3 align="center">诗词提交窗口</h3>
```

```html
      </td>
    </tr>
    <tr>
      <td align="right">诗词标题:</td>
      <td><input type="text" name="scTitle" size="40" autofocus></td>
    </tr>
    <tr>
      <td align="right">诗词种类:</td>
      <td>
      <select name="scType">
          <option value="古诗" selected>古诗</option>
          <option value="古词">古词</option>
      </select>
      </td>
    </tr>
    <tr>
      <td align="right">诗词内容:</td>
      <td>
      <textarea name="content" rows="6" cols="40"> </textarea>
      </td>
    </tr>
    <tr>
      <td align="right">作者:</td>
      <td><input type="text" name="author" size="20"></td>
    </tr>
    <tr>
      <td align="right">发表日期:</td>
      <td><input type="date" name="scDate" size="20"></td>
    </tr>
    <tr>
      <td align="right"><input type="submit" value="提交"></td>
      <td align="left"><input type="reset"  value="重置"></td>
    </tr>
    </table>
</form>
</body>
</html>
```

第 2 步，在 Web4RequResp 项目的 ch4 包中，创建以下表单处理的 Servlet 代码。

```java
package ch4;
import java.io.*;
import javax.servlet.ServletException;
import javax.servlet.http.*;
public class N402RequestParams extends HttpServlet {
    public void doGet(HttpServletRequest request,
```

```java
            HttpServletResponse response)
        throws ServletException, IOException {
        response.setContentType("text/html;charset=gb2312");
        PrintWriter out = response.getWriter();
        request.setCharacterEncoding("gb2312");
        String scTitle = request.getParameter("scTitle");
        String scType = request.getParameter("scType");
        String content = request.getParameter("content");
        String author = request.getParameter("author");
        String scDate = request.getParameter("scDate");
        out.print("<html><body>");
        out.print("用户提交的诗词信息如下:");
        out.print("<br>诗词标题:" + scTitle);
        out.print("<br>诗词种类:" + scType);
        out.print("<br>诗词内容:" + content);
        out.print("<br>作者:" + author);
        out.print("<br>发表日期:" + scDate);
        out.print("</body></html>");
    }
    public void doPost(HttpServletRequest request,
        HttpServletResponse response)
        throws ServletException, IOException {
        this.doGet(request, response);
    }
}
```

第 3 步,测试以上代码。在浏览器中输入网址:

```
http://localhost/Web4RequResp/n402form.html
```

HttpServlet 的运行结果如图 4-2 所示。

(a) 用户提交的内容

图 4-2 HttpServlet 的运行结果

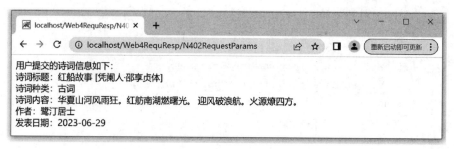

(b) 服务器接收的内容

图 4-2 (续)

4.1.3 请求参数的字符编码设置

HttpServletRequest 接口中提供了请求参数字符编码的设置与获取方法,用户正确使用这些方法能解决获取参数时出现的中文乱码问题。HttpServletRequest 接口的字符编码处理方法如表 4-3 所示。

表 4-3 HttpServletRequest 接口的字符编码处理方法

方 法 格 式	功 能 描 述
String getCharacterEncoding()	获取请求的正文使用的字符编码
void setCharacterEncoding(String env)	重设请求的正文使用的字符编码
String getContentType()	获取请求的正文的 MIME 类型,其中包含字符编码
void setContentType(String cont)	重设请求的正文使用的 MIME 类型
int getContentLength()	获取请求的正文的长度(以 B 为单位),如果长度未知,则返回一1

request 对象的 getParameter()方法获取参数时,会根据 Get 和 Post 传送方式来设置解码方式,下面分别介绍。

(1) Post 传送方式:实体内容解码方式。该方式提交的参数放在实体数据包中,其解码与 Tomcat 平台的编码格式无关,可以采用以下语句设置请求正文的编码。

格式:

```
request.setCharacterEncoding("编码");
```

其中,支持汉字的"编码"有 GB2312 或 GBK 或 UTF-8,其中,GB2312 表示网页使用简体中文编码接收用户输入;GBK 同时支持简体中文和繁体中文;UTF-8 支持大部分国家的语言,所以它被称为"万国码"。

例如,

```
request.setCharacterEncoding("UTF-8");
```

(2) Get 传送方式:URL 解码方式。该方式提交的参数放在 URL 地址中,其解码与平台 Tomcat 有关,Tomcat 8 版本及以上的服务器默认以 UTF-8 编码方式处理请求参数,但对于 Tomcat 8 以下版本的服务器默认以 ISO-8859-1 的编码方式处理请求参数。所以,对于 Tomcat 8 以下的版本会产生乱码问题,推荐采用编码二次转换方式来解决,其相关代码如下。

```
String 参数 = request.getParameter("请求参数名");
//先以 ISO-8859-1 进行参数解码,然后以 UTF-8 进行参数编码
参数 = new String(参数.getBytes("ISO-8859-1"), "UTF-8");
```

4.2 HttpServletResponse 接口

视频讲解

HttpServletResponse 接口继承 ServletResponse 接口,它定义在 Servlet API 的 javax. servlet.http 包中,提供了访问响应消息的相关方法,下面分别讲解。

4.2.1 HTTP 响应状态行的访问

第 1 章介绍过,HTTP 的响应消息包括状态行、响应头部、响应数据体三部分,其中,状态行位于响应消息的第一行,包括 HTTP 版本、状态码、状态描述文本三部分的内容。例如,当用户在浏览器中输入"http://localhost/WebCode/Hello.html",正常情况下,服务器返回"HTTP 1.1 200 OK"状态行信息。其中,HTTP 1.1 是协议版本,200 是状态码,OK 是状态描述文本,它们表示客户端请求成功。

HttpServletResponse 接口中定义了设置和获取 HTTP 响应状态行信息的相关方法,如表 4-4 所示。

表 4-4 设置和获取 HTTP 响应状态行信息的相关方法

方 法 格 式	功 能 描 述
void setStatus(int status)	设置 HTTP 响应消息的状态码,如 res.setStatus(200)
int getStatus()	获取 HTTP 响应消息的状态码,如 code=res.getStatus()
void sendError(int code)	发送表示错误消息的状态码,如 res.sendError(404)
void sendError(int code,String inf)	发送表示错误消息的状态码和错误信息。例如,res.sendError(404,"找不到客户端请求的资源")

在程序设计中,可以根据需要应用以上方法来发送状态信息。

4.2.2 HTTP 响应头部的访问

状态行的后面是响应头部,它由若干行组成,到空行结束。服务器端通过它向客户端传送附加信息,例如:

```
Server: Apache-Coyote/1.1
Content-Type: text/html
Content-Length:48
Date: Sat,7 May 2022 11:07:18 GMT
```

其中,Server、Content-Type、Content-Length、Date 分别表示服务器程序名、响应数据的 MIME 类型、响应数据的长度、响应生成的日期与时间等信息。

HttpServletResponse 中包含 HTTP 响应头字段的设置和获取方法，如表 4-5 所示。

表 4-5　HTTP 响应头字段的设置和获取方法

方 法 格 式	功 能 描 述
String getHeader(String name)	用于获取指定名称的响应头字段的值
Collection＜String＞ getHeader(String name)	用于获取指定名称的响应头字段的所有值
Collection＜String＞ getHeaderNames()	用于获取所有响应头字段的名称集
void addHeader(String name,String value)	用于增加响应头字段。其中，参数 name 是头字段的名称，value 是头字段的值
void addIntHeader(String name, int value)	用于增加值为 int 类型的响应头字段
void setHeader(String name,String value)	用于设置响应头字段
void setIntHeader(String name, int value)	用于设置值为 int 类型的响应头字段
void sendRedirect(String location)	生成 302 响应码和 Location 响应头，通知客户端请求重定向

例如，如果要告知客户端不缓存网页数据，可以使用以下语句实现。

```
response.setHeader("pragma", "no-cache");
response.setHeader("cache-control","no-cache");
response.setDateHeader("expires", 0);
```

下面设计一个利用 setHeader() 方法实现诗词网页的自动刷新的程序实例，如例 4-3 所示。

【例 4-3】　利用 setHeader() 方法实现诗词网页的自动刷新的程序实例，设计过程如下。

第 1 步，在 Web4RequResp 项目的 ch4 包中创建以下 Servlet 代码。

```
package ch4;
import java.io.*;
import java.util.Date;
import javax.servlet.ServletException;
import javax.servlet.http.*;
public class N403setHeaderTest extends HttpServlet {
    public void doGet(HttpServletRequest request,
        HttpServletResponse response)
        throws ServletException, IOException {
        response.setContentType("text/html;charset=utf-8");
        PrintWriter out = response.getWriter();
        out.print("<html><body style= 'text-align:center'>");
        out.print("<h3>庆祝二十大 [五绝·平水韵] </h3>");
        out.print("<h5>文/鹭汀居士:</h5>");
        out.print("<p>");
        out.print("廿大在金秋,鸿图共计谋。<br>");
        out.print("作诗昌泰祝,伟业璨神州。<br>");
```

```
        out.print("<br>诗词发表日期:2022-10-16");
        Date dd = new Date();
        out.print("<br>用户访问时间:"+dd.toLocaleString());
        response.setHeader("Refresh","2");      //2s刷新一次
        out.print("</p>");
        out.print("</body></html>");
    }
    public void doPost(HttpServletRequest request,
        HttpServletResponse response)
        throws ServletException, IOException {
        this.doGet(request, response);
    }
}
```

第2步,测试以上代码。在浏览器中输入网址:

```
http://localhost/Web4RequResp/N403setHeaderTest
```

网页和用户访问时间2s更新一次,运行结果如图4-3所示。

图 4-3　HttpServlet 的运行结果

下面再设计一个利用 setHeader()方法实现请求重定向(即网页跳转功能)的程序实例,如例4-4所示。

【例 4-4】　利用 setHeader()方法实现请求重定向的程序实例。

第1步,在 Web4RequResp 项目的 ch4 包中创建以下 Servlet 代码。

```
package ch4;
import java.io.*;
import javax.servlet.ServletException;
import javax.servlet.http.*;
public class N404setHeaderTest extends HttpServlet {
    public void doGet(HttpServletRequest request,
        HttpServletResponse response)
        throws ServletException, IOException {
        response.setContentType("text/html;charset=utf-8");
        PrintWriter out = response.getWriter();
```

```
        out.print("该网页 3 秒后跳转");
        String url = "https://baijiahao.baidu.com/u?app_id=1673046887289801";
        response.setHeader("Refresh","3;"+url);     //3s 后跳转
    }
    public void doPost(HttpServletRequest request,
        HttpServletResponse response)
        throws ServletException, IOException {
        this.doGet(request, response);
    }
}
```

第 2 步,测试以上代码。在浏览器中输入网址:

`http://localhost/Web4RequResp/N404setHeaderTest`

程序运行时,先显示"该网页 3 秒后跳转",3s 后显示图 4-4 的结果。

图 4-4　HttpServlet 的运行结果

当然,例 4-4 中的请求重定向功能也可以用 response 对象的 sendRedirect(String location)方法实现。sendRedirect()方法的请求重定向原理如图 4-5 所示。

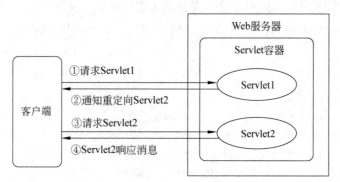

图 4-5　sendRedirect()的请求重定向原理

图 4-5 实现方法与第 5 章利用 RequestDispatcher 对象的 forward()方法实现的请求转

发功能不同,因为请求转发操作是在服务器端自动进行的,客户端是看不到的,转发后浏览器中的地址并没有改变,但 sendRedirect()会改变。forward()的请求转发原理如图 4-6 所示。

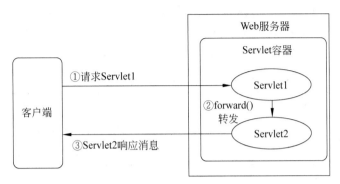

图 4-6　forward()的请求转发原理

下面设计一个利用 response 的 sendRedirect()方法实现请求重定向功能的实例,如例 4-5 所示。

【例 4-5】 利用 response 的 sendRedirect()方法实现请求重定向功能的实例,设计过程如下。

第 1 步,在 Web4RequResp 项目的 ch4 包中创建以下 Servlet 代码。

```
package ch4;
import java.io.IOException;
import javax.servlet.ServletException;
import javax.servlet.http.*;
public class N405sendRedirectTest extends HttpServlet {
    public void doGet(HttpServletRequest request,
        HttpServletResponse response)
        throws ServletException, IOException {
        response.setContentType("text/html");
        String url = "https://baijiahao.baidu.com/u? app_id=1673046887289801";
        response.sendRedirect(url);                    //请求重定向
    }
    public void doPost(HttpServletRequest request,
        HttpServletResponse response)
        throws ServletException, IOException {
        this.doGet(request, response);
    }
}
```

第 2 步,测试以上代码。在浏览器中输入网址:

```
http://localhost/Web4RequResp/N405sendRedirectTest
```

重定向后浏览器中的地址改为新的地址,运行结果请看图 4-4。

4.2.3 响应消息的字符编码设置

前面介绍的表 4-3 中提供的方法用于设置与获取 Web 请求参数的字符编码,它是接口 HttpServletRequest 中提供的方法。同样,接口 HttpServletResponse 中提供了响应消息的字符编码设置与获取方法,接口 HttpServletResponse 的字符编码处理方法如表 4-6 所示,用户正确使用这些方法能解决页面显示时出现的中文乱码问题。

表 4-6　HttpServletResponse 接口的字符编码处理方法

方 法 格 式	功 能 描 述
void setContentType(String type)	用于设置输出内容的 MIME 类型以及编码格式
void setCharacterEncoding(String charset)	用于设置输出内容使用的字符编码

在 Web 项目的开发中,如果网站使用的字符编码没有设置好,会导致页面内容不能正常显示,即页面显示出现乱码,以下三种情况都会产生中文乱码问题。

(1) 各个网页使用的字符编码不同。

(2) 请求参数与响应信息的字符编码不一致。

(3) 网页设置的字符编码与浏览器使用的字符编码不一致。

为了避免出现中文乱码问题,必须保证字符编码的一致性,解决方案有以下三种。

(1) 设置服务器响应信息的字符集为 UTF-8 的语句。

```
response.setCharacterEncoding("UTF-8");
```

(2) 通过响应头设置浏览器使用 UTF-8 字符集的语句。

```
response.setHeader("Content-Type","text/html;charset=UTF-8");
```

(3) 同时设置服务器、客户端和响应头都使用 UTF-8 字符集,推荐使用该方式。

```
response.setContentType("text/html; charset=UTF-8");
```

4.2.4 文件下载功能的实现

HttpServletResponse 接口中提供了用于字符流输出和字节流输出的两种比较常用的数据输出方式,编程时只能选择其中的一种,如果代码中同时包含这两种输出方式,则会发生 IllegalStateException 异常。

HttpServletResponse 的获取数据输出流的方法,如表 4-7 所示。

表 4-7　HttpServletResponse 的获取数据输出流的方法

方 法 格 式	功 能 描 述
PrintWriter getWriter()	获取字符输出流对象,用于输出字符文本内容
ServletOutputStream getOutputStream()	获取字节输出流对象,用于输出二进制格式数据

其中,getWriter()方法获取的字符输出流用于输出字符文本内容,如输出字符串、TXT 文件、HTML 网页内容等,在前面的实例中已经多次使用。下面介绍 getOutputStream()

方法,它获取的字节输出流用于输出二进制数据,如输出图像、音频、视频和 EXE 文件等,常用于实现文件下载功能,可以按如下过程编写文件下载功能的网页。

第 1 步,设置响应文档的类型和文件名。将 Content-Type 文档类型设置为字节流,设置 Content-Disposition 头字段告诉浏览器下载文档的文件名是什么,该设置会提供文件打开或保存对话框,关键代码如下。

```
response.addHeader("Content-Type", "application/octet-stream");
response.addHeader("Content-Disposition","attachment;filename=文件名");
```

第 2 步,利用 ServletContext 的 context 对象和 HttpServletResponse 的 response 对象获取输入流对象和输出流对象,关键代码如下。

```
InputStream in = context.getResourceAsStream(文件路径);
ServletOutputStream out = response.getOutputStream();
```

第 3 步,利用输入流 in 和输出流 out,通过循环完成数据的下载。这时要用到 buffer 缓冲区,其关键代码如下。

```
while ((numberRead=in.read(buffer))!=-1) {
    out.write(buffer,0, numberRead);
}
```

接下来设计一个文件下载网页的程序实例,如例 4-6 所示。

【例 4-6】　文件下载网页的程序实例,过程如下。

第 1 步,将被下载的 n406myBook.jpg 文件放在 Web4RequResp 项目的 ch4 包中,在 WebRoot 目录创建包含被下载文件链接的 n406filedown.html 网页,其代码如下。

```
<!DOCTYPE html>
<html>
<head>
  <title>文件下载</title>
  <meta name="content-type" content="text/html; charset=UTF-8">
</head>
<body>
  <a href="/Web4RequResp/N406ServletStreamTest?
          filename=n406myBook.jpg">文件下载 </a>
</body>
</html>
```

第 2 步,在 Web4RequResp 项目的 ch4 包中创建下载处理的代码如下。

```
package ch4;
import java.io. * ;
import javax.servlet. * ;
import javax.servlet.http. * ;
public class N406ServletStreamTest extends HttpServlet {
    public void doGet(HttpServletRequest request,
        HttpServletResponse response)
```

```
        throws ServletException, IOException {
        response.setContentType("text/html;charset=utf-8");
        //获取下载文件的所在目录和下载文件名
        String myPath = "/WEB-INF/classes/ch4/";
        String myfile = request.getParameter("filename");
        //设置文档类型为字节流,提供文件打开或保存对话框
        response.addHeader("Content-Type",
                            "application/octet-stream");
        response.addHeader( "Content-Disposition",
                            "attachment;filename="+myfile);
        //利用 HttpServlet 对象获取上下文对象
        ServletContext context = this.getServletContext();
        //获取文件的输入流与输出流
        InputStream in = context.getResourceAsStream(myPath+ myfile);
        ServletOutputStream out = response.getOutputStream();
        byte[] buffer=new byte[512];        //定义文件下载缓冲区
        int numberRead=0;
        //通过循环完成数据的下载
        while ((numberRead=in.read(buffer))!=-1) {
            out.write(buffer,0, numberRead);
        }
    }
    public void doPost(HttpServletRequest request,
        HttpServletResponse response)
        throws ServletException, IOException {
        this.doGet(request, response);
    }
}
```

第 3 步,运行测试程序,在浏览器中输入网址:

```
http://localhost/Web4RequResp/n406filedown.html
```

网页运行结果如图 4.7 所示。

不过,Servlet 没有提供文件上传的类,如果要编写处理文件上传的网页,则首先需要从
Apache 官网下载 FileUpload 组件的 JAR 包文件,然后按照以下两步设计。

第 1 步:设计能提交文件上传数据的表单页面,要求该表单必须满足以下三点。

(1) 表单以 post 方式提交,即表单的 method 属性设置为 post 方式。

(2) 表单的 enctype 属性设置为"multipart/form-data"。

(3) 表单中包含<input type="file">文件上传输入标签,并且定义该<input>标签
的 name 属性,用于保存上传文件的名称。

第 2 步:设计实现上传功能 Servlet 类,过程如下。

(1) 创建 DiskFileItemFactory 文件项目工厂对象 factory,该对象能将请求表单中的每
一个字段元素封装成单独的 FileItem 对象。

(a) 单击"文件下载"链接的结果

(b) 单击(a)中的"保存"按钮的结果

(c) 单击(b)中的"打开"按钮的结果

图 4-7　网页运行结果

```
DiskFileItemFactory factory = new DiskFileItemFactory();
factory.setRepository(new File("E:\\TempFolder"));              //设置临时文件夹
```

（2）利用 factory 对象创建 ServletFileUpload 文件上传对象 upload。

```
ServletFileUpload upload =new ServletFileUpload(factory);
upload.setHeaderEncoding("utf-8");                             //设置字符编码
```

（3）利用 upload 获取 FileItem 文件项目或 FileItemIterator 文件项目迭代器。

```
List<FileItem> fileitem = upload.parseRequest(request);
```

或

```
FileItemIterator iterator  = upload.getItemIterator(request);
```

（4）利用 FileItem 对象获取输入流 in 和上传文件名 fname，然后利用 fname 创建输出流。

```
if(!fileitem.isFormField()){
    InputStream in = fileitem.getInputStream();
    String fname = fileitem.getName();
    FileOutputStream out = new FileOutputStream(fname);
}
```

其中,FileItem 对象的 isFormField( )方法用于判断表单提交的信息类型,如果返回 false 说明表单提交的是文件字段,否则是普通文本字段。

(5) 利用输入/输出流和 buffer 缓冲区完成文件的上传。

```
while((len = in.read(buffer))>0) out.write(buffer,0,len);
```

如果读者对上传感兴趣,可以参考以上过程完成代码的编写。

4.3　本章小结

本章主要介绍了 HttpServletRequest 接口中的主要方法,以及如何利用其相关方法获取请求消息和请求参数,分析了 HttpServletResponse 接口中的应用方法,介绍了 Servlet 网页的中文乱码问题的解决方法,并且说明了如何利用 HttpServletResponse 接口中的 addHeader( )方法,以及 InputStream 与 ServletOutputStream 对象实现文件的下载功能,最后还介绍了文件上传代码的编写流程。

4.4　实验指导

1. 实验名称
HttpServlet 的请求与响应接口的应用。

2. 实验目的
(1) 掌握 HttpServletRequest 接口的应用。
(2) 掌握 HttpServletResponse 接口的应用。
(3) 学会文件下载网页的设计。

3. 实验内容
(1) 设计一个 HttpServletRequest 接口的应用实例。
(2) 设计一个 HttpServletResponse 接口的应用实例。
(3) 设计一个提供文件下载功能的网页。

4.5　课后练习

一、判断题
1. 接口 ServletRequest 定义在 javax.servlet.http 包中。　　　　　　　　　　(　　)
2. 表单信息的验证只能放在服务器端执行。　　　　　　　　　　　　　　(　　)
3. POST 传输数据大小是有限制的。　　　　　　　　　　　　　　　　　(　　)

4. POST 比 GET 请求方式更安全。 （ ）

5. 接口 ServletRequest 中的 getCharacterEncoding()方法用于设置请求正文中所使用的字符编码名。 （ ）

6. 接口 ServletRequest 的 getProtocol()方法返回请求所使用的协议名称和版本。

（ ）

7. 只有 HttpServletRequest 可以调用 getParameterNames()方法。 （ ）

8. getAttribute(String name)返回属性名为 name 的值,如果该属性不存在则返回值为 null。 （ ）

9. 如果没有设置 Content-Type 头字段,那么 setCharacterEncoding()方法设置的字符集编码不会出现在 HTTP 消息的响应头中。 （ ）

二、名词解释

1. 请求头部　　　　　　　　　　2. 乱码

三、单选题

1. 下列哪个接口可以调用 getIntHeader()方法？（ ）

　　A. ServletRequest 　　　　　　　　B. HttpServletRequest

　　C. ServletResponse 　　　　　　　　D. HttpServletResponse

2. 下列哪个方法是用来获取 Servlet 路径的？（ ）

　　A. public String getContextPath()　　B. public String getServletInfo()

　　C. public String getServletPath()　　D. public String getPathInfo()

3. 以下不属于 HTTP 请求方法的是( )。

　　A. GET 　　　　B. PUT 　　　　　　C. POST 　　　　D. SET

4. HTTP 的 GET 请求方法可以获取( )类型的数据。

　　A. HTML 文档　　B. 图片　　　　　　C. 视频　　　　　D. 以上都可以

5. HTTP 请求消息中可以不包含( )。

　　① 请求行　　　　② 消息头　　　　③ 消息体数据

　　A. ①和②　　　　B. ②和③　　　　C. 仅①　　　　D. 仅③

6. 在 Java EE 中,关于创建 HttpServletRequest 对象的说法正确的是( )。

　　A. 从 request 获取传入的参数,可以调用 getParameter()方法

　　B. 由 Java Web 应用的 Servlet 或 JSP 组件负责创建,当 Servlet 或 JSP 组件响应 HTTP 请求时,先创建 HttpServletRequest 对象

　　C. 由程序员通过编码形式创建,以传递请求数据

　　D. 以上都不对

7. 在 HTTP 的"请求/响应"交互模型中,以下说法中错误的是( )。

　　A. 用户机在发送请求之前需要主动与服务器建立连接

　　B. 用户无法主动向服务器发送连接

　　C. 服务器无法主动向用户发送数据

　　D. 以上都错

8. Servlet 中,HttpServletResponse 的什么方法用来把一个 HTTP 请求重定向到另外的 URL?（ ）

　　A. sendURL()　　　　　　　　　　　B. redirectURL()

　　C. sendRedirect()　　　　　　　　　D. redirectResponse()

9. 下面选项中,哪个头字段用于告诉浏览器自动刷新页面的时间?(　　　)

　　A. Server　　　　　　　　　　　　　B. Accept-Location

　　C. Refresh　　　　　　　　　　　　D. Accept-Refresh

10. 下面选项中,哪个头字段用于告知服务器客户端所使用的字符集?(　　　)

　　A. Accept-Charset　　　　　　　　　B. Accept

　　C. Accept-Encoding　　　　　　　　D. Accept-Language

11. 下面用于判断请求消息中的内容是否是"multipart/form-data"类型的方法是(　　　)。

　　A. isMultipartData()　　　　　　　B. isMultipartFormData()

　　C. isMultipartContent()　　　　　　D. isMultipartDataContent()

12. 如果想要将页面传递来的用户名 username 为张三的数据存放在 Requset 对象中,以下哪种方式可以实现?(　　　)

　　A. String username=request.getParameter("张三");

　　B. String username=(String)request.getAttribute("张三");

　　C. request.setAttribute("username", "张三");

　　D. request.removeAttribute("张三");

13. 为了避免服务器的响应信息在浏览器端显示为乱码,通常会使用以下什么语句重新设置字符编码?(　　　)

　　A. response.setContentCoding()　　　B. response.setCharacterEncoding()

　　C. response.setPageCoding()　　　　D. response.setCharset()

14. 如果请求页面中存在两个单选按钮(假设单选按钮的名称为 sex),分别代表男和女,该页面提交后,为了获得用户的选择项,可以使用以下哪个方法?(　　　)

　　A. request.getParameter(sex);　　　B. request.getParameter("sex");

　　C. request.getParameterValues(sex);　D. request.getParameterValues("sex");

四、填空题

1. 接口_____是 ServletRequest 的子接口,专门用于封装 HTTP 请求消息。

2. HTTP 请求由_____、_____和数据体三部分构成。

3. HTTP 的请求行包括_____、_____以及使用的 HTTP 版本三个部分内容。

4. HTTP 的请求头主要用于向_____传递附加消息。

5. HttpServletRequest 接口中定义了相关方法用来获取 HTTP 请求消息,例如,方法_____返回请求所用的 HTTP 方法名,方法_____获取请求中所包含的所有参数名称的枚举集。

6. 接口_____继承 ServletResponse 接口,它定义了访问响应消息的相关方法。

7. HTTP 的响应消息包括_____、_____和消息体三部分。

8. HTTP 响应的状态行包括 HTTP 版本、_____和_____三个部分的内容。

9. HttpServletResponse 接口的_____方法用于获取指定名称的响应头字段的值,方法_____用于设置 Servlet 输出内容的 MIME 类型以及编码格式,而 sendRedirect(String location)方法实现_____。

10. HttpServletResponse 接口的_____方法用于获取字符输出流对象,而_____方法用于获取字节输出流对象。

11. HTTP 请求头字段_____指定浏览器可以接收的内容类型,请求头字段_____指定浏览器可以接收的编码类型,请求头字段_____指定浏览器可以接收的压缩编码类型,请求头字段_____请求来自于哪个页面。

12. HTTP 响应头字段_____指定服务器发送的压缩编码方式,响应头字段_____指定服务器发送内容的类型和编码类型,响应头字段_____用于指定浏览器刷新时间,或转发的 URL 所指向页面和时间。

13. 接口 ServletRequest 中的_____方法移除请求中名字为 name 的属性。

14. 接口 ServletRequest 中的_____方法返回 ServletInputStream 输入流,使用该输入流以二进制方式读取请求内容。

15. 在 HttpServletResponse 接口中,实现请求重定向的方法是_____。

16. 当传输文本时,如果编码和解码使用的码表不一致,就会导致_____问题。

五、简答题

1. HTTP 的 GET 请求方式与 POST 请求方式有什么不同?

2. 获取表单中数据的方法有哪些?

3. 如果要告知客户端不缓存网页数据,如何设置响应头字段?

4. 在 Web 项目的开发中,哪些情况可能会出现乱码问题?

5. 实现文件上传的表单页面都需要哪些配置?

6. 简述编写文件下载功能网页的过程。

六、程序填空题

1. 以下代码的功能是获取表单提交的用户名、密码和爱好等信息,然后显示出来,请按要求填写下画线部分的代码。

```
public class N6RequestParams extends HttpServlet {
    public void doGet(HttpServletRequest req,
        HttpServletResponse resp)
        throws ServletException, IOException {
        resp.setContentType("text/html;charset=utf-8");
        PrintWriter out = resp.getWriter();
        req.setCharacterEncoding("utf-8");
        String name = req.____①____;            //获取用户名
        String password = req.____②____;        //获取密码
        String[] taste = req.____③____;         //获取爱好
        out.print("<html><body>");
        out.print("获取请求参数信息如下:");
        out.print("<br>用户名:" + name);
        out.print("<br>密　码:" + password);
        out.print("<br>爱好:");
        for (int i = 0; i < taste.length; i++) {
            out.print(taste[i] + ",");
        }
```

```
        out.print("</body></html>");
    }
}
```

2. 以下代码的功能是利用 referer 头实现下载资源的防盗链，请按要求填写下画线部分的代码。

```
public class HeaderServlet extends HttpServlet {
  public void doGet(HttpServletRequest req,
     HttpServletResponse resp)
     throws ServletException, IOException {
     resp.setContentType("text/html;charset=utf-8");
     PrintWriter out = resp.getWriter();
     String referer = req.____①____;              //获取 referer 头信息
     String sitePart = "http://" + req.____②____; //获取服务器域名
     if (referer != null && referer.startsWith(sitePart)) {
        out.println("正在下载页面 ...");
     } else {
        RequestDispatcher rd = req.getRequestDispatcher("warning.htm");
        rd.____③____;                              //重定向到 warning.htm 网页
     }
  }
}
```

七、程序分析题

1. 分析下列程序代码的功能。

```
public class N6RefreshTest extends HttpServlet {
    public void doGet(HttpServletRequest request,
    HttpServletResponse response)
    throws ServletException, IOException {
        response.setContentType("text/html;charset=utf-8");
        PrintWriter out = response.getWriter();
        response.setHeader("Refresh","3");        //3s 刷新一次
        out.print("当前时间是:"+new Date());
    }
}
```

2. 分析下列程序代码的功能。

```
response.setDateHeader("Expires",0);
response.setHeader("Cache-Control","no-cache");
response.setHeader("Pragma","no-cache");
```

八、程序设计题

1. 用户在 N6RequestForm 页面中输入圆的半径，单击"提交"按钮后由服务器端 N6RequestTest 完成圆的面积计算并输出。

2. 编写一个 Servlet 类，访问时转向 index.jsp 页面。

Servlet的会话技术

视频讲解

📖**本章学习目标：**

- 能正确描述会话的原理与特点，说明解决 HTTP 缺陷的基本方法。
- 能说明 Cookie 的工作原理，并熟练应用 Cookie 编程。
- 能说明 Session 的工作原理，并熟练应用 Session 编程。
- 熟练应用 URL 重写技术编程。

📖**主要知识点：**

- Cookie 的工作原理和基本方法。
- Session 的工作原理和基本方法。
- Cookie 和 Session 的正确应用。

📖**思想引领：**

- 介绍 Servlet 会话的原理、特点和安全性。
- 培养学生软件设计的安全意识以及责任担当的胸怀。

在前面章节学习的网络通信通常具有一次性的特点，如第 3 章利用 ServletConfig 与 ServletContext 获取配置文件中的初始参数，在第 4 章利用 HttpServletRequest 请求对象和 HttpServletResponse 响应对象来实现客户端与服务器端的信息传输。但在生活中，为了完成某项任务，通常需要一系列的动作，即反复多次调用请求对象和响应对象的相关方法，有时需要对每个动作的状态进行跟踪，这时必须用到会话技术，本章将重点介绍会话原理及会话技术的应用方法。

5.1 会话技术概述

5.1.1 会话原理与特点

会话(Session)指的是一个客户端(浏览器)与 Web 服务器之间，为了完成某项任务，而连续发生的一系列请求与响应过程。例如，日常生活中的打电话，从拨通电话到挂断电话之间的一连串的你问我答的过程。还有网上购物，从选择商品到结算一系列请求/响应过程。还有 Web 访问，从用户凭密码登录网站，然后在该站点上单击多个超链接访问相关 Web 资源或完成相关活动，直到所有任务完成，关闭浏览器的整个过程，它们都属于一个会话。从以上列举的实例可以看出，会话具有以下两个特点。

(1) 相关性。会话过程产生的多个请求或响应通常是为了完成共同的任务。

（2）系列性。一个会话过程不可能在一个请求/响应中完成,它通常包含一系列的请求/响应。

5.1.2 HTTP 缺陷的解决方法

刚才说明了会话具有相关性和系列性的特点,所以在会话过程中,同一会话内部的多次请求与响应必然会共享一些数据。但是,HTTP 是无状态的协议,用户一次请求的数据一旦交换完毕,客户端与服务器端的连接就会中断,这些内部共享数据就会丢失,当用户再次请求(如单击其他链接)时,需要建立新的连接,这时服务器无法再次访问丢失的数据,这说明 HTTP 无法从 HTTP 连接上跟踪用户的会话(实现会话技术)。例如,用户甲在某购物网站上选择了一件商品,当去结算商品时,服务器已经忘记了用户甲在前面选择了什么商品。

有些读者可能会说,利用前面章节中介绍的 HttpServletRequest、ServletConfig 和 ServletContext 对象不是可以实现数据的共享与传递吗? 是的,但是它们也无法实现会话技术,原因如下。

（1）HttpServletRequest 对象只能保存本次请求所传递的数据,但会话过程中有一系列不同请求的数据需要保存。

（2）ServletConfig 对象对应的数据只能被一个 Servlet 对象访问,但一个 Servlet 对象无法完成一次会话。

（3）ServletContext 对象对应的共享数据可以被整个 Web 应用的所有会话共享,服务器无法区分相关数据是属于哪个会话的,所以无法保证数据的安全。

为了让服务器能安全地保存每个会话过程中产生的数据,Servlet 提供了 Cookie 和 Session 两个对象,它们弥补了以上缺点,下面详细介绍。

5.2 Cookie 对象的应用

Cookie 是由 W3C 组织提出的一种会话技术,最早由 Netscape 社区发展的一种会话跟踪机制。目前 Cookie 已经成为标准,所有的主流浏览器都支持 Cookie 技术。Cookie 是将会话过程中产生的用户数据保存在用户浏览器中的一种会话技术。它使浏览器记住用户状态,方便与服务器进行数据交互。就像现实生活中商城赠送给顾客的购物卡,卡中记录了用户的姓名、手机号、消费额度和积分数量等信息。当顾客使用该购物卡购物时,商场可以根据购物卡中保存的信息计算会员的优惠额度和累加积分。

5.2.1 Cookie 的工作原理

读者在第 4 章学习了 HTTP 请求头和 HTTP 响应头,Web 就是利用它们来传送 Cookie 信息的,在 HTTP 请求头中定义了 Cookie 头字段,在 HTTP 响应头中定义了 Set-Cookie 头字段,它们分别用于发送和设置 Cookie 信息,其工作原理如图 5-1 所示。

下面来分析 Cookie 的信息传递过程。

（1）浏览器第一次访问 Server1 时,向 HTTP 服务器发送的 HTTP 请求,其中不包含 Cookie 信息。

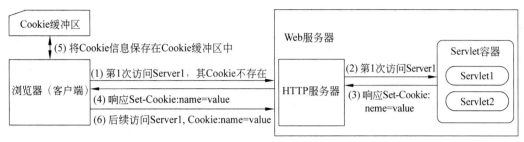

图 5-1　Cookie 的工作原理

（2）HTTP 服务器发现客户的请求是访问动态网页，于是将 Server1 请求转交给 Server 容器。

（3）Server 容器发现浏览器发来的请求是第一次请求，于是按 Set-Cookie：name＝value 格式，将 Cookie 添加到响应报文的首部，然后发给 HTTP 服务器。

（4）HTTP 服务器将 Set-Cookie：name＝value 信息转发给浏览器。

（5）浏览器收到服务器发回的 Set-Cookie 后，会将 Cookie 信息保存在 Cookie 缓冲区中，或者写入 Server1 对应的 Cookie 文件中。

（6）当浏览器再次访问 Server1 时，会从 Cookie 缓存中读取 Server1 的 Cookie 数据，然后添加到 HTTP 请求报文中，再发给服务器。

5.2.2　Cookie 的基本方法

在 Servlet API 提供的 javax.servlet.http 包中包含 Cookie 类，该类包含 Cookie 的构造函数和提取与设置 Cookie 相关属性的方法。

1. Cookie 的构造函数

Cookie 的构造函数用于创建 Cookie 对象，其格式如下。

public Cookie(String name,String value)

其中，参数 name 指定 Cookie 的名称，参数 value 指定 Cookie 的值。要注意的是，Cookie 一旦被创建，它的名称就不能被修改，但它的值可以被修改。

Cookie 对象创建后，可以利用响应对象 response 的 addCookie()方法将它添加到响应报文中，也可以利用请求对象 request 的 getCookies()方法从请求报文中获取 Cookie 对象，例如：

```
Cookie cookie1 = new Cookie("mybook","JavaWeb 程序设计");
response.addCookie(cookie1);
Cookie[] cookies = request.getCookies();
```

2. Cookie 的常用方法

HTTP 响应报文的 Set-Cookie 头字段中包含 Cookie 的名称与值、Cookie 的有效日期、有效路径、有效域、加密认证协议（即 HTTPS）等信息，其格式如下。

```
Set-Cookie:
    NAME=VALUE;Expires=DATE;Path=PATH;
    Domain=DOMAIN_NAME;SECURE
```

Cookie 对象中包含很多提取和设置这些 Cookie 属性的方法,Cookie 的常用方法如表 5-1 所示。

表 5-1　Cookie 的常用方法

方 法 格 式	功 能 描 述
public String getName()	读取 Cookie 的名字,如:String name ＝ cookie1.getName()
public void setValue(String newValue)	设置 Cookie 的值,如:cookie1.setValue("Python 程序设计")
public String getValue()	读取 Cookie 的值,如:String value ＝cookie1.getValue()
public void setMaxAge(int expiry)	设置 Cookie 的保存时间,即有效期,以 s 为单位。如果设置为正数,则 Cookie 保存在本地硬盘中规定的时间;如果设置为 0,则立即删除 Cookie;如果设置为负数,则 Cookie 保存在缓存中,关闭浏览器时 Cookie 被删除,默认值是－1。例如:cookie1. setMaxAge(60 * 60 * 24)
public int getMaxAge()	读取 Cookie 的保存时间,如:int remain＝ cookie1.getMaxAge()
public void setPath(String url)	设置 Cookie 的有效路径,默认值是当前路径,即产生 Cookie 的 Servlet 对应的 url。如:cookie1. setPath("/")是整个网站的目录
public String getPath()	获取 Cookie 的有效路径。如:String myPath ＝cookie1.getPath()
public void setDomain(String pattern)	设置 Cookie 的有效域,域名 pattern 必须以点(".")开始,默认值为当前主机名。如:cookie1. setDomain(".www.sgu.com.cn")
public String getDomain()	获取 Cookie 的有效域,domain 属性的值是不区分大小写的。如:String myDomain ＝cookie1.getDomain()
public void setSecure(boolean flag)	设置 Cookie 是否使用加密认证协议
public boolean getSecure()	返回 Cookie 是否使用加密认证协议

注意:Cookie 可以在同一浏览器的不同窗口间共享数据,但不能在不同浏览器间共享数据。另外,Cookie 是不可跨域访问的,也就是说,在 Server1 服务器上发布的 Cookie 不会被提交到 Server2 服务器上,这是由 Cookie 的隐私安全机制决定的。接下来设计一个在浏览器端保存用户名的 Cookie 应用实例,如例 5-1 所示。

【例 5-1】　在浏览器端保存用户名的 Cookie 应用实例,设计过程如下。

第 1 步,在 MyEclipse 平台新建 Web5CookieSession 项目,在项目的 WebRoot 目录下创建表单输入页 n501Login.html,代码如下。

```
<!DOCTYPE html>
<html>
<head>
  <title>n501Login.html</title>
  <meta name="content-type" content="text/html; charset=gb2312">
</head>
<body>
  <form name="reg" action="servlet/N501LoginCookie" method="post">
    <h3>用户登录窗口</h3>
```

```
    用户名：<input name="myName" type="text" /><br/>
    <input type="submit" value="提交" />
    <input type="reset"  value="重置">
  </form>
</body>
</html>
```

第 2 步，在该项目下的 src 目录中创建 ch5 包，在 ch5 包中创建以下 Servlet 代码。

```
package ch5;
import java.io.*;
import javax.servlet.ServletException;
import javax.servlet.http.*;
public class N501LoginCookie extends HttpServlet {
        public void doGet(HttpServletRequest request,
        HttpServletResponse response)
        throws ServletException, IOException {
        response.setContentType("text/html;charset=gb2312");
        PrintWriter out = response.getWriter();
        request.setCharacterEncoding("gb2312");
        //获取本次登录的用户名
        String username = request.getParameter("myName");
        String lastname = null;                    //用于保存上次登录的用户名
        Cookie[] cookies = request.getCookies();
        //遍历 cookies 数组，查找名称为 userInfo 的 Cookie 的值
        for (int i = 0; cookies != null && i < cookies.length; i++)
        {
            if ("userInfo".equals(cookies[i].getName())) {
                lastname = cookies[i].getValue();
                break;
            }
        }
        //如果找到了，则输出两次登录的用户名
        if (lastname != null) {
            out.print("<br>您上次登录的用户名是:"+lastname);
            out.print("<br>您本次登录的用户名是:"+username);
        } else {
            out.print("<br>您是首次访问本站!!!");
            out.print("<br>您本次登录的用户名是:"+username);
        }
        //创建名称为 userInfo 的 cookie，保存当前用户信息
        Cookie cookie = new Cookie("userInfo",username);
        //cookie.setMaxAge(60 * 60);                 //设置 cookie 最大存在时间
        //发送 cookie
        response.addCookie(cookie);
        out.flush();
```

```
        out.close();
    }
    public void doPost(HttpServletRequest request,
        HttpServletResponse response)
        throws ServletException, IOException {
        this.doGet(request, response);
    }
}
```

第3步，测试以上代码。在浏览器中输入网址：

```
http://localhost/Web5CookieSession/n501Login.html
```

网页运行结果如图5-2所示。

(a) 输入表单显示的结果

(b) 第1次输入用户名"提交"后的结果

(c) 第2次输入用户名"提交"后的结果

图 5-2 网页运行结果

5.3 Session 对象的应用

前面介绍的 Cookie 虽然可以实现会话技术，但 Cookie 是将用户的信息保存在各自的浏览器中的，这些信息需要传送到服务器端处理，当传递的信息比较多时，会增加网络带宽的负担和服务器程序的处理难度。为了解决以上问题，提出了一种 Session 技术，它将会话过程中产生的用户数据保存在服务器端，客户端只需保存 Session 的标识（即 Session ID）。就像大学内保存的学生档案、医院内保存的病人病历、公安局户政科保存的公民户口等数据,其信息量都比较大,不方便随身携带。如果将它们保存在各个单位的数据库中,那么每个学生或病人或公民只需携带学生证(上面有学生证号)或就诊卡(有卡号)或身份证(有身份证号),服务器通过相关编号就可以查到数据库中保存的详细信息。

5.3.1　Session 的工作原理

与 Cookie 一样,Session 也是用来解决 HTTP 无状态的问题。不同的是,它采用服务器端的工作机制,用类似于散列表的数据结构将会话过程中产生的数据保存在服务器端。Session 的工作原理如图 5-3 所示。

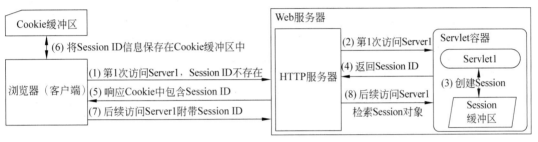

图 5-3　Session 的工作原理

下面分析 Session 的信息传递过程。

(1) 浏览器第一次访问 Server1 时,向 HTTP 服务器发送 HTTP 请求,其中不包含 Session ID 信息。

(2) HTTP 服务器发现客户的请求是访问动态网页,于是将 Server1 请求转交给 Server 容器。

(3) Server 容器发现浏览器发来的请求是第一次请求,于是为客户创建一个 Session 对象放在缓冲区中。

(4) Server 容器将 Session ID 信息返回给 HTTP 服务器。

(5) HTTP 服务器按 Set-Cookie:name=value 格式,将包含 Session ID 的 Cookie 添加到响应报文的首部,然后发给浏览器。

(6) 浏览器收到 HTTPP 服务器发回的 Session ID 后,将 Session ID 信息保存在 Cookie 缓冲区中,或者写入 Server1 对应的 Cookie 文件中。

(7) 当浏览器再次访问 Server1 时,会从 Cookie 缓存中读取 Server1 的 Session ID 数据,然后添加到 HTTP 请求报文中,一起发给服务器。

(8) 服务器就按照收到的 Session ID 把 Session 对象从 Cookie 缓存中检索出来使用。当然,如果没有检索到客户端提交的 Session ID,说明该 Session 已经被注销或超时,服务器会新建一个 Session 对象。

5.3.2　Session 的常用方法

Servlet API 提供的 javax.servlet.http 包中包含 Session 类,该类用于会话管理,可以通过前面介绍的 HttpServletRequest 接口中的以下两个方法获取 Session 对象。

(1) public HttpSession getSession(boolean create):返回与此次请求相关联的 HttpSession 对象。如果不存在,则根据参数 create 的值是 true 或 false 来决定是创建一个

新的 HttpSession 返回,还是返回 null 值。

(2) public HttpSession getSession():其功能等同于 getSession(true),即返回与此次请求相关联的 HttpSession 对象。如果不存在,则创建一个新的 HttpSession 返回。

HttpSession 对象的常用方法如表 5-2 所示。

表 5-2　HttpSession 对象的常用方法

方 法 格 式	功 能 描 述
public String getId()	返回 Session 对象的唯一标识符
public Enumeration getAttributeNames()	返回 Session 对象中的所有属性名的枚举集合
public Object getAttribute(String name)	返回 Session 对象中属性名为 name 的属性值
public void setAttribute(String name, Object value)	设置 Session 对象中的属性名对应的属性值
public void removeAttribute(String name)	删除 Session 对象中名称为 name 的属性
public long getCreationTime()	返回以 ms 为单位的 Session 对象的创建时间
public long getLastAccessedTime()	返回以 ms 为单位的 Session 对象的最后一次被访问的时间
public int getMaxInactiveInterval()	返回以 ms 为单位的 Session 对象的有效期,超过这个有效期,Servlet 容器将使 Session 失效
public void setMaxInactiveInterval(int interval)	以 ms 为单位设置在 Session 对象的有效期。如果参数为负数,则该 Session 对象永不失效
public ServletContext getServletContext()	返回 Session 对象所属的 ServletContext 对象
public void invalidate()	立刻摧毁 Session 对象
public boolean isNew()	判断当前 Session 对象是否是新建的

另外,Session 对象的有效期也可以在 web.xml 文件中设置,该 web.xml 配置文件对站点内的所有 Web 应用程序都起作用,不过该设置的时间单位是分钟,不是 ms。在 Tomcat 的安装目录的 conf\web.xml 文件中,可以找到以下配置信息。

```
<session-config>
    <session-timeout>30 </session-timeout>
</session-config>
```

以上代码设置了 Session 对象的有效期为 30min。如果将<session-timeout>元素中的时间值设置成 0 或负数,则表示 Session 永不超时。另外,如果想单独设置某个 Web 应用程序的 Session 有效期,则需要在自己 Web 应用的 web.xml 文件中进行设置。接下来设计一个 Session 在网站购物车中的应用实例,如例 5-2 所示。

【例 5-2】　Session 在网站购物车中的应用实例,设计过程如下。

第 1 步,在 ch5.n502cartJava 子包中创建图书信息类 Book,其 Java 代码如下。

```
package ch5.n502cartJava;
import java.io.Serializable;
public class Book implements Serializable {
    private int id;                    //编号
```

```
    private String name;                //书名
    private double price;               //售价
    private String author;              //作者
    public int getId() {  return id; }
    public void setId(int id) { this.id = id; }
    public String getName() { return name; }
    public void setName(String name) { this.name = name; }
    public double getPrice() { return price; }
    public void setPrice(double price) { this.price = price; }
    public String getAuthor() { return author; }
    public void setAuthor(String author) { this.author = author; }
}
```

第2步,在 ch5.n502cartJava 子包中创建 BookDB 类模拟数据库,其 Java 代码如下。

```
package ch5.n502cartJava;
import java.util.ArrayList;
public class BookDB {
    public static ArrayList<Book> books = new ArrayList<Book>();
    static{
        Book b1 = new Book();
        b1.setId(0);
        b1.setName("唐诗三百首");
        b1.setAuthor("(清)蘅塘居士");
        b1.setPrice(24);
        Book b2 = new Book();
        b2.setId(1);
        b2.setName("宋词三百首");
        b2.setAuthor("(清)朱孝臧");
        b2.setPrice(29.8);
        Book b3 = new Book();
        b3.setId(2);
        b3.setName("笠翁对韵");
        b3.setAuthor("(明末清初)李渔");
        b3.setPrice(32);
        books.add(b1);
        books.add(b2);
        books.add(b3);
    }
    public static ArrayList<Book> getAllBooks(){
        return books;
    }
    public static Book getBookById(int id){
        return books.get(id);
    }
}
```

第 3 步,在 ch5.n502cartJava 子包中创建图书显示类 BooksList,其代码如下。

```java
package ch5.n502cartJava;
import java.io.*;
import java.util.ArrayList;
import javax.servlet.ServletException;
import javax.servlet.http.*;
public class BooksList extends HttpServlet {
    public void doGet(HttpServletRequest request,
        HttpServletResponse response)
        throws ServletException, IOException {
        response.setContentType("text/html;charset=utf-8");
        PrintWriter out = response.getWriter();
        ArrayList<Book> books = BookDB.getAllBooks();
        out.print("本站提供的图书有:<br>");
        for (Book book : books) {
            //定义教材的选购链接
            String url = "BooksBuy? id=" + book.getId();
            out.print("<br>书名:"+book.getName()+",售价:"
            +book.getPrice() + ",作者:"+book.getAuthor());
            out.print("<a href='" + url+ "'>\t 放入购物车</a>
            <br>");
        }
    }
    public void doPost(HttpServletRequest request,
        HttpServletResponse response)
        throws ServletException, IOException {
        this.doGet(request, response);
    }
}
```

第 4 步,在 ch5.n502cartJava 子包中创建图书购买类 BooksBuy,其代码如下。

```java
package ch5.n502cartJava;
import java.io.*;
import java.util.*;
import javax.servlet.ServletException;
import javax.servlet.http.*;
public class BooksBuy extends HttpServlet {
    public void doGet(HttpServletRequest request,
        HttpServletResponse response)
        throws ServletException, IOException {
        response.setContentType("text/html;charset=utf-8");
        PrintWriter out = response.getWriter();
        //获得用户购买的商品
        String id = request.getParameter("id");
```

```
    if (id == null) {
        //如果 id 为 null,重定向到 booksList 页面
        String url = "BooksList";
        response.sendRedirect(url);
        return;
    }
    //创建或者获得用户的 Session 对象
    HttpSession session = request.getSession();
    //从 Session 对象中获得用户的购物车
    HashMap<String, Integer> cart=(HashMap<String, Integer>)
        session.getAttribute("cart");
    if (cart == null) {
        //首次购买,为用户创建一个购物车
        cart=new  HashMap<String, Integer>();
        //将购物车存入 Session 对象
        session.setAttribute("cart", cart);
    }
    //判断商品是否存在购物车中
    if(cart.containsKey(id)){
        int number=cart.get(id);              //获取以前选择的数量
        cart.put(id, number+1);               //数量+1
    }else{
        cart.put(id, 1);                      //不存在,将商品存入购物车,数量为 1
    }
    //创建 Cookie 存放 Session 的标识号
    Cookie cookie = new Cookie("JSESSIONID", session.getId());
    cookie.setMaxAge(60);                     //保存 1min
    cookie.setPath("/");
    response.addCookie(cookie);
    //重定向到 booksList 页面
    String url = "BooksCart";
    //如果浏览器不支持 Cookie,则添加以下两条语句
    //HttpSession s=request.getSession();
    //url=response.encodeRedirectURL(url);
    response.sendRedirect(url);
    out.flush();
    out.close();
    }
public void doPost(HttpServletRequest request,
    HttpServletResponse response)
    throws ServletException, IOException {
    this.doGet(request, response);
    }
}
```

第 5 步,在 ch5.n502cartJava 子包中创建购物车显示类 BooksCart,其代码如下。

```java
package ch5.n502cartJava;
import java.io.*;
import java.util.*;
import javax.servlet.ServletException;
import javax.servlet.http.*;
public class BooksCart extends HttpServlet {
    public void doGet(HttpServletRequest request,
        HttpServletResponse response)
        throws ServletException, IOException {
        response.setContentType("text/html;charset=utf-8");
        PrintWriter out = response.getWriter();
        //获得用户的 Session 对象
        HttpSession session = request.getSession(false);
        HashMap<String, Integer> cart=null;
        if (session != null) {
            //从 Session 对象中获得用户的购物车
            cart = (HashMap<String, Integer>)
                    session.getAttribute("cart");
        }
        //获取所有图书信息
        ArrayList<Book> books = BookDB.getAllBooks();
        out.print("购物车中的图书有:<br>");
        if (cart != null) {
            double totalprice = 0;
            int number = 0;
            //获取购物车中所有商品的 ID
            Set<String> keys = cart.keySet();
            for(String id : keys)
            {
                Book book = books.get(Integer.parseInt(id));
                number = cart.get(id);              //购买数量
                totalprice += book.getPrice() * number;
                out.print("<br>书名:"+book.getName()+
                ",售价:"+book.getPrice()+",数量:"+number);
            }
            out.print("<br>总价:" + totalprice);
        }
        out.flush();
        out.close();
    }
    public void doPost(HttpServletRequest request,
        HttpServletResponse response)
        throws ServletException, IOException {
        this.doGet(request, response);
    }
```

```
}
```

第6步,在 WebRoot 目录中创建主页 n502cartTest.html,其中包含头部框架、中间框架和尾部框架。其中,中间框架又包含导航框架和图书列表框架,代码如下。

```
<!DOCTYPE html>
<html>
<head>
    <title>n502cartTest.html</title>
    <meta name= "content-type" content= "text/html; charset=UTF-8">
</head>
<frameset rows= "15%, * ,15%">
    <!-- 头部文档 -->
    <frame src= "n502cartHtm/header.html">
    <!-- 中间信息 -->
    <frameset cols= "20%,80%">
        <!-- 导航文档 -->
        <frame src= "n502cartHtm/nav.html">
        <!-- 包含文章文档,框架名字为 content -->
        <frame src= "servlet/BooksList" name= "content">
    </frameset>
    <!-- 尾部文档 -->
    <frame src= "n502cartHtm/footer.html">
</frameset>
</html>
```

第7步,在 WebRoot 目录中创建"n502cartHtm"文件夹,并且在该文件夹中创建头部网页、尾部网页、导航网页,共以下三个文档。

(1) header.html 头部信息网页。

```
<!DOCTYPE html>
<html>
<body>
<!-- 头部信息 -->
<header style="color:white;background-color:green; margin:5px;padding:5px">
<h1 align= "center">鸥鹭诗汀图书网</h1>
</header>
</body>
</html>
```

(2) footer.html 尾部信息网页。

```
<!DOCTYPE html>
<html>
<body>
<!-- 尾部信息 -->
<footer style="color:white;background-color:green; margin:0px;padding:5px">
```

```
<p>网站简介:本网站销售中国古诗词的相关书籍,希望能为大家提供满意的图书,谢谢光临......
</p>
</footer>
</body>
</html>
```

(3) nav.html 导航信息网页,其中,target 属性指定图书列表与我的购物车的显示窗口是 name 属性值为"content"的框架。

```
<!DOCTYPE html>
<html>
<body>
<!-- 导航信息,包含两个文件的链接,且将 target 属性设置为 content -->
<nav>
<ul>
  <li><a href="../servlet/BooksList" target="content">图书列表
    </a></li>
  <li><a href="../servlet/BooksCart" target="content">我的购物车
    </a></li>
</ul>
</nav>
</body>
</html>
```

第 8 步,运行测试。在浏览器中输入主页网址:

```
http://localhost/Web5CookieSession/n502cartTest.html
```

运行结果如图 5-4 所示。

5.3.3　URL 重写技术

前面说过,会话跟踪方法是通过 Cookie 传送 Session ID 的,如果用户的浏览器禁用 Cookie,则 Web 服务器就无法利用 Cookie 来跟踪用户的会话。浏览器禁用 Cookie 的对话框如图 5-5 所示。

为了解决这个问题,HttpServletResponse 接口提供了 URL 重写技术。所谓 URL 重写,就是将 Session ID 信息附加到 URL 后面,然后对 URL 进行重新编码。这样,当 Servlet 容器解释该 URL 时,可以从中取出 Session ID,自然可以找到其关联的 Session 对象, HttpServletResponse 接口中提供了以下两个方法实现 URL 重写功能。

```
public String encodeURL(Sring url)              //没有使用重定向时用
public String encodeRedirectURL(String url)     //在重定向前面使用
```

例如,前面例 5-2 中的以下语句:

```
HttpSession s=request.getSession();             //获取 Session 对象
url=response.encodeRedirectURL(url);            //URL 重写
response.sendRedirect(url);                     //URL 重定向
```

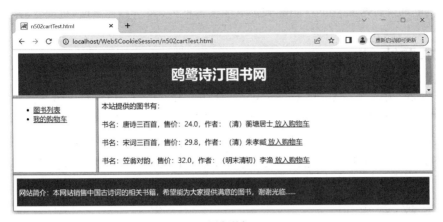

(a) 图书列表

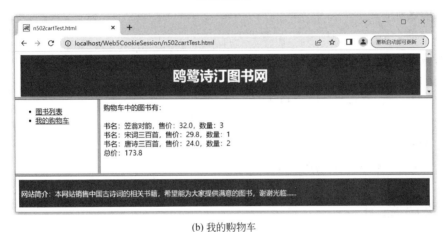

(b) 我的购物车

图 5-4　运 行 结 果

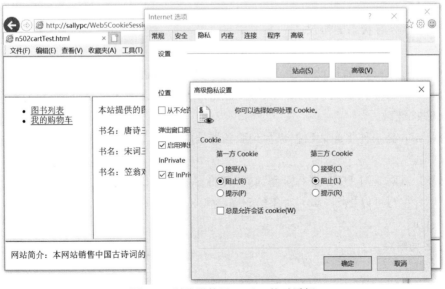

图 5-5　浏览器禁用 Cookie 的对话框

当然,也可以将 Session ID 隐藏到表单的文本框内(即隐藏表单域)提交给服务器。

5.4 本章小结

本章主要讲解了 Cookie 对象和 Session 对象的相关知识,其中,Cookie 是客户端技术,数据保存到客户端的浏览器中;Session 是服务器端技术,数据存储在服务器端,Session 与浏览器之间通过传递 Session ID 保持会话,Session ID 的传递通常借助 Cookie 实现,如果浏览器禁用了 Cookie,则可以通过 URL 重写技术或者隐藏表单域方法来实现。

5.5 实验指导

1.实验名称

Servlet 的会话程序设计。

2.实验目的

(1)掌握 Cookie 的工作原理和基本方法。

(2)掌握 Session 的工作原理和基本方法。

(3)学会应用 Cookie 和 Session 开发购物车程序。

3.实验内容

设计一个包含购物功能的项目实例。

5.6 课后练习

一、判断题

1. Cookie 是不可跨域访问的。   (   )

2. HTTP 是有状态的协议。   (   )

3. Cookie 可以在不同浏览器间共享数据。   (   )

4. Cookie 的 path 属性设置后,只对当前访问路径所属的目录有效。   (   )

5. Session 对象代表应用程序上下文,它允许 JSP 页面与包括在同一应用程序的任何 Web 组件共享信息。   (   )

6. Session 是一种将会话数据保存到服务器端的技术,需要借助 Cookie 技术来实现。

                                                                                    (   )

7. URL 重写是对 URL 进行重新编码,即将 Session ID 附加到 URL 后面。   (   )

8. URL 重写可以把 Session 对象的 id 作为 URL 参数传带过去,可以使用 request 对象的 encodeURL("")。   (   )

二、名词解释

1. 会话   2. 会话技术

3. Cookie 技术   4. Session 技术

5. URL 重写

三、单选题

1. 下列哪个接口提供了 getSession()方法？（　　　）

    A. ServletRequest　　　　　　　　B. ServletResponse

    C. HttpServletRequest　　　　　　D. HttpServletResponse

2. 关于 Session 域的说法错误的是（　　　）。

    A. Session 域的作用范围为整个会话

    B. Session 域中的数据只能存在 30min,这个时间不能修改

    C. 可以调用 HttpSession 的 invalidate()方法,立即销毁 Session 域

    D. 当 Web 应用被移除出 Web 容器时,该 Web 应用对应的 Session 跟着销毁

3. 下列哪条语句可以更改 Cookie 的存活时间为 1 天？（　　　）

    A. cookie.setMaxAge(3600 * 24);　　B. cookie.setMaxAge(1);

    C. cookie.setMaxAge(24);　　　　　D. cookie.setMaxAge(0);

4. 下列说法中错误的是（　　　）。

    A. Cookie 和 HttpSession 是保存会话相关数据的技术,其中,Cookie 将信息存储在
       浏览器端是客户端技术,Session 将数据保存在服务器端是服务器端技术

    B. 浏览器可以接受任意多个 Cookie 信息保存任意长的时间

    C. HttpSession 会话对象的默认保持时间可以修改

    D. HttpSession 默认是基于 Cookie 运作的

5. 关于 Session ID,以下哪些说法错误？（　　　）

    A. Session ID 由 Servlet 容器创建

    B. 每个 HttpSession 对象都有唯一的 Session ID

    C. Session ID 必须保存在客户端的 Cookie 文件中

    D. Servlet 容器会把 Session ID 作为 Cookie 或者 URL 的一部分发送到客户端

6. 下列说法中不正确的是（　　　）。

    A. Cookie 是基于 HTTP 中的 Set-Cookie 响应头和 Cookie 请求头进行工作的

    B. 默认情况下 HttpSession 是基于一个名称为 JSESSIONID 的特殊 Cookie 工作的

    C. 一个浏览器可能保存着多个名称为 JSESSIONID 的 Cookie

    D. 一个网站能在浏览器中保存多少 Cookie 是没有限制的

7. 在 HttpServlet 中如何获得 HttpSession 对象的引用？（　　　）

    A. 直接使用固定变量 session

    B. 用 new 语句创建一个 HttpSession 对象

    C. 调用 HttpServletRequest 对象的 getSession()方法

    D. 调用 ServletConfig 对象的 getSession()方法

8. 以下哪个方法一定可以获取到代表当前会话的 Session 对象？（　　　）

    A. request.getSession();

    B. request.getSession(false);

    C. new HttpSession();

    D. HttpSession.newInstance(request);

9. 关于会话,下列说法哪些是正确的？（　　　）

A. 浏览器开始访问一个网站时,会话就开始了,服务器立即就会创建代表当前会话的 Session

B. 如果服务器端执行了 HttpSession 对象的 invalidate()方法,那么这个会话被销毁

C. 当客户端关闭浏览器进程,服务器端会探测到客户端关闭浏览器进程的行为,从而立即销毁相应的 HttpSession 对象

D. 当一个会话过期,服务器端不会销毁这个会话

10. 以下哪个选项代码可以放在"1"位置,用来删除名为 neme 和 Path 为/的 Cookie 信息?( )

```
Cookie cookie = new Cookie("neme","zhangsan");
----------------1-------------
response.addCookie(cookie);
```

A. cookie.delete();

B. cookie.setMaxAge(0);

C. cookie.setPath("/");cookie.setMaxAge(0);

D. cookie.setDomain("localhost");cookie.setPath("/");cookie.setMaxAge(0);

11. Servlet1 的访问路径为 http://localhost/servlet/Servlet1,在 Servlet1 中使用如下代码设置 Cookie:

```
Cookie c = new Cookie("myCookie","123456");
response.addCookie(c);
```

请问当访问哪个 Servlet 时不能获取到这个 Cookie 信息?( )

A. http://localhost/Servlet1

B. http://localhost/servlet/Servlet2

C. http://localhost/servlet/Servlet3

D. http://localhost/servlet/n/Servlet4

12. 在 Java Web 开发中,要在服务器端查询 Cookie,要用到 HttpServletRequest 的哪个方法?( )

A. session()   B. getSession()

C. getCookies()   D. addCookie()

13. 不能在不同用户之间共享数据的方法是( )。

A. 通过 Cookie   B. 利用文件系统

C. 利用数据库   D. 通过 ServletContext 对象

14. Web 应用中,常用的会话跟踪方法不包括( )。

A. URL 重写   B. Cookie

C. 隐藏表单域   D. 有状态 HTTP

15. 已知 JSP 页面中存在如下代码:

```
<% session.setAttribute("pageContext", "sdjsj"); %>
${pageContext}
```

则以下说法中正确的是(　　　)。

    A. 将出现语法错误,因为 pageContext 是保留字

    B. 运行时存在异常

    C. 不出现异常,输出 null

    D. 不出现异常,输出 pageContext 对象

16. 下列选项中,能够用于获取客户端所有 Cookie 对象的方法是(　　　)。

    A. List＜Cookie＞ cookies ＝ request.getCookies();

    B. Cookie[] cookies ＝ request.getCookies();

    C. List＜Cookie＞ cookies ＝ response.getCookies();

    D. Cookie[] cookies ＝ response.getCookies();

17. 下面哪个方法获取 Session 对象,没有则返回 null?(　　　)

    A. request.getSession();   B. request.getSession(true);

    C. request.getSession(false);   D. response.getSession();

18. 已知 web.xml 中存在如下配置:

```
<session-config>
    <session-timeout>2</session-timeout>
</session-config>
```

下面的说法中正确的是(　　　)。

    A. 在空闲状态下,2s 后将导致 session 对象销毁

    B. 在空闲状态下,2min 后将导致 session 对象销毁

    C. 在空闲状态下,2ms 后将导致 session 对象销毁

    D. 在空闲状态下,2h 后将导致 session 对象销毁

19. 在下列选项中,正确创建并实现写入 Cookie 的语句分别是(　　　)。

① Cookie cookie ＝ new Cookie(String key，Object value);

② Cookie cookie ＝ new Cookie();

③ response.add(cookie);

④ response.addCookie(cookie);

    A. ①③   B. ①④   C. ②③   D. ②④

20. 阅读下面的代码:

```
Book book = BookDB.getBook(id);
HttpSession session = req.getSession();
List<Book> cart = (List) session.getAttribute("cart");
if (cart == null) {
        cart = new ArrayList<Book>();
        session.setAttribute("cart", cart);
}
cart.add(book);
```

下面选项中,哪个是对上述代码功能的正确描述?(　　　)

    A. 实现不同用户的不同浏览器之间共享同一个购物车中的数据

B. 实现不同的应用程序之间共享同一个购物车中的数据

C. 实现放在不同 Web 容器中的不同应用程序共享同一个购物车中的数据

D. 实现了每个不同的会话都有自己对应的一个购物车,来实现数据共享

21. 如果要把一个用户名 jack 保存在 session 对象里,则下列语句正确的是(　　)。

    A. session.setAttribute(name, jack);

    B. session.setAttribute("name", "jack");

    C. session.setAttribute("jack", " name");

    D. session.setAttribute("jack", name);

22. 下列选项中关于 HttpSession 描述错误的是(　　)。

    A. HttpSession 通过 HttpServletRequest 对象获得

    B. HttpSession 可以用来保存数据,并实现数据的传递

    C. HttpSession 被创建后,将始终存在,直到服务停止

    D. 调用 HttpSession 的 invalidate()方法,可以删除创建的 HttpSession 对象及数据

23. 以下哪个对象提供了访问和放置页面中共享数据的方式?(　　)

    A. pageContext   B. response

    C. request   D. session

24. 设置 session 的有效时间(也叫超时时间)的方法是(　　)。

    A. setMaxinactiveInterval(int interval)

    B. getAttributeName()

    C. setAttributeName(String name, java.lang.Object value)

    D. getLastAccessedTime()

四、填空题

1. http 请求头中包含_____头字段,http 响应头中包含_____头字段。

2. Cookie 类在 Servlet API 提供的_____包中。

3. http 响应报文的 Set-Cookie 头字段包含 Cookie 的_____、_____、_____、_____和加密认证协议(即 HTTPS)等信息。

4. Cookie 是将用户的信息保存在_____,而 Session 是将会话数据保存在_____。

5. 可以通过 HttpServletRequest 接口中的_____方法获取 HttpSession 对象。

6. Session 是借助_____技术来传递 ID 属性的。

7. 使用 Cookie 类中的_____方法会通知浏览器立即删除这个 Cookie 信息。

8. 如果浏览器禁用了 Cookie,则可以通过_____技术或隐藏表单域方法来实现。

五、简答题

1. 什么是无状态的协议?

2. 什么是会话? 它有什么特点?

3. 为什么说 ServletContext 对象和 HttpServletRequest 对象无法实现会话技术?

4. 简述 Cookie 的工作原理。

5. 简述会话 Cookie 和持久 Cookie 的区别。

6. 简述 Session 的工作原理。

7. 简述 Cookie 机制和 Session 机制的区别。

8. 保存 Session ID 有几种方式？

9. 简述方法 getSession()、getSession(true)和 getSession(false)的区别。

10. 简述配置 Session 超时的方法。

六、程序分析题

简述以下代码的功能。

```java
public class CartServlet extends HttpServlet {
  public void doGet(HttpServletRequest req,HttpServletResponse resp)
  throws ServletException, IOException {
    HttpSession session = req.getSession();        //创建或者获取 Session 对象
    List<Food> cart = (List)session.getAttribute("cart");      //获得购物车
    if (cart == null) {
      cart = new ArrayList<Food>();                 //首次购买,则创建一个购物车
      session.setAttribute("cart", cart);           //将购物车存入 Session 对象
    }
    Food food = new Food("婺源酒糟鱼",9.7,5);        //创建商品
    cart.add(food);                                 //将商品放入购物车
    //创建 Cookie 存放 Session 的标识号
    Cookie cookie = new Cookie("JSESSIONID", session.getId());
    cookie.setMaxAge(60 * 60);
    cookie.setPath("/ch7");
    resp.addCookie(cookie);
  }
}
```

七、程序设计题

设计一个程序,利用 Cookie 对象显示用户上次访问网页的时间。

第6章
Servlet过滤器与监听器

视频讲解

📖**本章学习目标：**

- 能正确描述 Filter 的工作原理与配置方法。
- 能熟练应用 Filter 和 FilterConfig 接口编程。
- 能描述事件处理的工作原理和 Listener 监听器的相关方法。
- 能正确应用 Servlet 事件监听器编写程序。

📖**主要知识点：**

- Filter 工作原理和配置方法。
- Filter 过滤器代码设计。
- FilterConfig 的使用方法。
- Listener 事件监听器设计。

📖**思想引领：**

- 介绍 Servlet 过滤器与监听器的应用环境。
- 启发学生提升安全意识。

前面几章学习了请求参数的获取、响应消息的设置、表单信息处理、文件下载实现、会话技术的应用等，它们属于 Web 开发的基本功能。但是有些应用可能需要实现一些特殊的功能，例如，拦截客户不合理的请求，或者对 context、session、request 事件进行监听，这时要分别用到 Filter 过滤器和 Listener 监听器，它们与前面介绍的 Servlet 共同构成 Java Web 的三大组件，下面详细讲解它们的工作原理和使用方法。

6.1　Filter 过滤器

Filter 的功能是在用户通过 Servlet 容器访问 Servlet 对象前进行拦截，方便程序员在 Servlet 进行响应处理的前后添加控制代码，所以它被称为过滤器。Web 开发人员通过 Filter 技术，可以实现一些特殊功能。例如，实现对访问权限的控制、过滤敏感词汇、压缩响应信息、实现自动登录、实现网站的统一编码等高级功能。

6.1.1　Filter 接口

该接口位于 javax.servlet 包中，它定义了服务器与 Filter 程序交互时遵循的协议，下面介绍其基本构成。

1. Filter 接口的构成

该接口包含三个主要方法，下面分别介绍它们的功能与特点。

（1）init（）方法：该方法在 Web 应用程序加载的时候被自动调用，包含的参数 fConfig 封装了该过滤器的配置信息，用来配置一些初始化参数信息，它只会被调用一次。

（2）doFilter（）方法：该方法是过滤器对象执行过滤的核心方法，只要客户端有请求就会被调用，通过它实现对 Web 请求的过滤。该方法包含的参数 chain 是过滤器链对象，过滤器链中的每个过滤器通过访问自己的 doFilter（）方法可以将用户的请求传送到过滤器链中的下一个过滤器，一直传下去，最后将请求送到 Web 目标网页。

（3）destroy（）方法：该方法在 Web 应用程序卸载的时候自动被调用，用于释放前面申请的资源，该方法也是只会被调用一次。

2. Filter 接口的实现

要实现过滤功能，必须编写一个类来实现 Filter 接口。例如，定义过滤器类 MyFilter，则该类的定义格式如下。

```
public class MyFilter implements Filter {
    public void init(FilterConfig fConfig)
        throws ServletException {
        //过滤器对象在初始化时调用,可以配置一些初始化参数
    }
    public void doFilter(ServletRequest request,
        ServletResponse response, FilterChain chain)
        throws IOException, ServletException {
        //此处编写拦截用户请求的处理代码
        chain.doFilter(request, response);      //传给下一个过滤器
        //此处编写返回后的处理代码
    }
    public void destroy() {
        //过滤器对象被销毁时自动调用,释放资源
    }
}
```

可以看出，过滤器类中实现过滤功能的方法是 doFilter（），该方法可以在目标资源被访问前后进行恰当的处理。例如，放行符合条件的资源，过滤不符合条件的资源。

6.1.2　Filter 工作原理

前面说过，init（）和 destroy（）方法分别用于初始化和资源释放，它们只被调用一次，实现过滤功能的代码主要放在 doFilter（）方法中，通过该方法中的参数 chain 可以将用户的请求按照 FilterChain 过滤器链传递下去，该过滤器链包含 Filter1、Filter2、…、FilterN 等多个过滤器，过滤器链的工作原理如图 6-1 所示。

当用户访问 Web 资源前，会先访问第一个过滤器 Filter1 的 doFilter（）方法，实现第一级过滤；然后通过 chain.doFilter（）方法调用下一个过滤器 Filter2 的 doFilter（）方法，实现第二级过滤，……，以此类推，直到访问目标资源为止。当全部处理完后，会按相反的顺序返回响应结果。程序员可以在 doFilter（）方法中的 chain.doFilter（）语句的前后编写过滤代码或返回结果的处理代码。

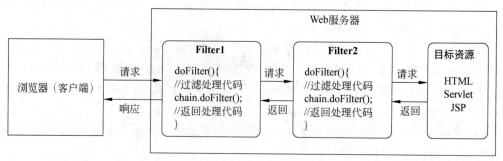

图 6-1　过滤器链的工作原理

6.1.3　Filter 的配置

与 Servlet 一样，Web 容器在运行时是通过 web.xml 配置文件找到过滤器的，其配置代码与 Servlet 的配置代码类似，其格式如下。

```
<filter>
    <filter-name>过滤器名</filter-name>
    <filter-class>包名 1.… .包名 n.过滤器类名
     </filter-class>
</filter>
<filter-mapping>
    <filter-name>过滤器名</filter-name>
    <url-pattern>访问映射 URL</url-pattern>
    <dispatcher>过滤类型</dispatcher>
</filter-mapping>
```

其中，子标签<dispatcher></dispatcher>用于定义过滤类型，包含以下 4 种取值。

(1) REQUEST：当通过浏览器访问目标资源时，才调用该过滤器，其他情况不会调用。它是默认值，即没有定义<dispatcher></dispatcher>子标签时也是这样。

(2) INCLUDE：当通过 RequestDispatcher 的 include()方法访问目标资源时，才调用该过滤器，其他情况不会调用。

(3) FORWARD：当通过 RequestDispatcher 的 forward()方法访问目标资源时，才调用该过滤器，其他情况不会调用。

(4) ERROR：如果访问目标资源发生异常，才调用该过滤器，其他情况不会调用。

例如，以下配置代码表示，只有通过 RequestDispatcher 的 forward()方法访问的 URL 是/SCservlet 时，才调用 SCservlet 过滤器，即执行 ch6 包中的 SCservlet 过滤器代码。

```
<filter>
    <filter-name>SCservlet</filter-name>
    <filter-class>ch6.SCservlet</filter-class>
</filter>
<filter-mapping>
    <filter-name>SCservlet</filter-name>
    <url-pattern>/SCservlet</url-pattern>
```

```
    <dispatcher>FORWARD</dispatcher>
</filter-mapping>
```

如果 web.xml 配置文件中添加的多个<filter>配置有相同的 URL 映射地址,即<url-pattern>与</url-pattern>之间的值相同,则 Servlet 容器会根据它们的名称在 web.xml 文件中从上到下出现的顺序形成一条过滤器链。另外,映射 URL 地址可以使用通配符,例如," * .do"表示访问所有以".do"结尾的文档要先过滤。

下面设计一个过滤器应用的程序实例。在许多网站中,为了统一网页的显示格式,通常很多网页使用相同的页面首部和页面尾部,如果给每个页面都编写相同的首部代码和尾部代码,则增加很多重复代码。如果用过滤器实现,则只需要编写一份。下面为诗词网站设计统一的页面首部与尾部,如例 6-1 所示。

【例 6-1】　为诗词网站设计统一的页面首部与尾部实例,过程如下。

第 1 步,创建项目和包。方法是在 MyEclipse 平台新建 Web6FilterListener 项目,然后在该项目下创建 ch6 包和 n601Filter 子包。

第 2 步,定义过滤器类。方法是在 n601Filter 子包下创建一个 Java 类,该类是 Filter 接口的子类,用于定义诗词网站的页面首部和页面尾部,其代码如下。

```
package ch6.n601Filter;
import java.io.*;
import javax.servlet.*;
public class CsFilter implements Filter {
    public void init(FilterConfig fConfig) throws ServletException {
        //过滤器对象在初始化时调用,可以配置一些初始化参数
    }
    public void doFilter(ServletRequest request,
        ServletResponse response, FilterChain chain)
        throws IOException, ServletException {
        response.setContentType("text/html; charset=utf-8");
        PrintWriter out=response.getWriter();
        //--首部信息,在进入下一个过滤结点之前显示--
        out.write("<header style='color:white;
                background-color:green'>");
        out.write("<h1 align='center'>鸥鹭诗汀百家网</h1>");
        out.write("</header>");
        //--把请求传给下一个过滤器结点或目标页--
        chain.doFilter(request, response);
        //--尾部信息,在下一个过滤结点返回之后显示--
        out.write("<footer style='color:white;
                background-color:green; padding:1px'>");
        out.write("<p>诗人简介:生于星江旁,常饮星江水;现居北江头,
                网游云中寺;夜半听钟声,鹭汀一居士......</p>");
        out.write("</footer>");
    }
    public void destroy() {
```

```
        //过滤器对象在销毁时自动调用,释放资源
    }
}
```

第 3 步,配置以上过滤器类,让访问所有网址前先访问该过滤器类。方法是修改 WebRoot/WEB-INF/目录中的 web.xml 配置文件,添加以下配置代码。

```
<filter>
    <filter-name>CsFilter</filter-name>
    <filter-class>ch6.n601Filter.CsFilter</filter-class>
</filter>
<filter-mapping>
    <filter-name>CsFilter</filter-name>
    <url-pattern>/*</url-pattern>
</filter-mapping>
```

第 4 步,在项目的 WebRoot 目录下创建两个显示诗词内容的目标网页。

(1) 诗词网页 1:文件 n601cs1.html 的代码如下。

```
<!DOCTYPE html>
<html>
  <head><title>n601cs1.html</title></head>
  <body>
    <article style='color:red;margin:3px;text-align:center'>
    <h3>金字经·韶乐园 [张可久体·词林正韵] </h3>
    <h5>文/鹭汀居士: </h5>
    <p>
    粤北肥沃地,北江韶乐园。崇德求新产桂冠。<br>
    观。百花出校栏。朝霞伴。彩云千雁欢。<br>
    2022-11-19<br>
    </p>
    </article>
  </body>
</html>
```

(2) 诗词网页 2:文件 n601cs2.html 的代码如下。

```
<!DOCTYPE html>
<html>
  <head><title>n601cs2.html</title></head>
  <body>
    <article style='color:red;margin:3px;text-align:center'>
    <h3>2021教师节 [七绝·平水韵] </h3>
    <h5>文/鹭汀居士: </h5>
    <p>
    三尺平台智慧栽,一支粉笔育英才。<br>
    寒来暑往痴心护,桃李芬芳遍地开。<br>
    2021-09-10<br>
```

```
    </p>
    </article>
  </body>
</html>
```

第5步,运行目标代码,测试是否访问过滤器,即包含页面首部和页面尾部。

(1) 测试 n601cs1.html 页面,在浏览器中输入诗词1的网址:

```
http://localhost/Web6FilterListener/n601cs1.html
```

诗词网页1的运行结果如图 6-2 所示。

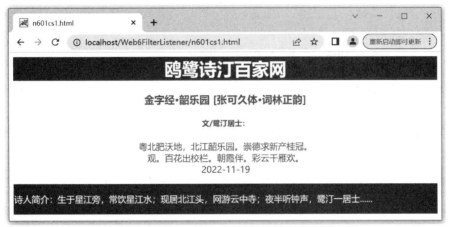

图 6-2 诗词网页1的运行结果

(2) 测试 n601cs2.html 页面,在浏览器中输入诗词2的网址:

```
http://localhost/Web6FilterListener/n601cs2.html
```

诗词网页2的运行结果如图 6-3 所示。

图 6-3 诗词网页2的运行结果

6.1.4　FilterConfig 接口

该接口是 Servlet API 提供的过滤器配置参数的访问接口，其功能与第 5 章介绍的 ServletConfig 接口相似，它也可以读取 web.xml 配置文件中用＜init-param＞子标签定义的初始配置信息，不同的是它访问的＜init-param＞标签是放在＜filter＞和＜/filter＞标签对内，而不是放在＜servlet＞ ＜/servlet＞标签对内，＜filter＞定义格式如下。

```
<filter>
    <filter-name>过滤器名</filter-name>
    <filter-class>包名 1.… .包名 n.过滤器类名
     </filter-class>
    <init-param>
        <param-name>参数名</param-name>
        <param-value>参数值</param-value>
    </init-param>
</filter>
<filter-mapping>
    <filter-name>过滤器名</filter-name>
    <url-pattern>访问映射 URL</url-pattern>
</filter-mapping>
```

例如，为了使整个 Web 项目中的文本使用 UTF-8 编码，可以为其配置字符过滤器，其中定义编码属性 encoding 的值为 UTF-8，配置代码如下。

```
<filter>
    <filter-name>encodingFilter</filter-name>
    <filter-class>org.springframework.web.filter.
            CharacterEncodingFilter</filter-class>
    <init-param>
        <param-name>encoding</param-name>
        <param-value>UTF-8</param-value>
    </init-param>
</filter>
<filter-mapping>
    <filter-name>encodingFilter</filter-name>
    <url-pattern>/*</url-pattern>
</filter-mapping>
```

FilterConfig 接口提供的方法可以获取配置文件中的参数信息，其常用方法如表 6-1 所示。

表 6-1　FilterConfig 接口的常用方法

方 法 格 式	功 能 描 述
public Enumeration getInitParameterNames()	返回配置文件的＜filter＞标签中定义的所有参数名的枚举集
public String getInitParameter(String name)	返回＜filter＞中给定参数名称的参数值

方 法 格 式	功 能 描 述
public String getFilterName()	返回 web.xml 中设置的 Filter 实例名称
public ServletContext getServletContext()	返回当前 Web 应用的 Servlet 上下文对象

下面设计一个 FilterConfig 接口的应用实例,它包含两个过滤器,分别访问配置文件中的不同参数值,如例 6-2 所示。

【例 6-2】 FilterConfig 接口的应用实例,设计过程如下。

第 1 步,在 ch6 包中创建 n602Filter 子包,然后在该子包中创建两个过滤器。

过滤器 1:获取和显示的参数是诗词网的名称,其 Java 代码如下。

```java
package ch6.n602Filter;
import java.io.*;
import javax.servlet.*;
public class FilterConfig1 implements Filter {
    FilterConfig myConfig;
    public void init(FilterConfig fConfig)
    throws ServletException {
        this.myConfig = fConfig;                    //获取 FilterConfig 对象
    }
    public void doFilter(ServletRequest request,
        ServletResponse response,
        FilterChain chain) throws IOException, ServletException {
        response.setContentType("text/html;charset=utf-8");
        PrintWriter out = response.getWriter();
        String info=myConfig.getInitParameter("info1"); //获取参数
        out.print("朋友,欢迎访问"+info+"诗词网!<br>");
        chain.doFilter(request, response);
        out.print("再见了朋友,希望您喜欢"+info+"诗词网!<br>");
    }
    public void destroy() {   }
}
```

过滤器 2:用于获取和显示的参数是作者的网名,其 Java 代码如下。

```java
package ch6.n602Filter;
import java.io.*;
import javax.servlet.*;
public class FilterConfig2 implements Filter {
    FilterConfig myConfig;
    public void init(FilterConfig fConfig)
    throws ServletException {
        this.myConfig = fConfig;                    //获取 FilterConfig 对象
    }
    public void doFilter(ServletRequest request,
```

```
ServletResponse response,
FilterChain chain) throws IOException, ServletException {
response.setContentType("text/html;charset=utf-8");
PrintWriter out = response.getWriter();
String info=myConfig.getInitParameter("info2"); //获取参数
out.print("朋友,欢迎品读"+info+"的古诗词!<br>");
chain.doFilter(request, response);
out.print("再见了朋友,希望您喜欢"+info+"的古诗词!<br>");
    }
    public void destroy() {   }
}
```

第2步,在 n602Filter 子包内创建 Servlet 目标类,功能是显示当前时间,其 Servlet 代码如下。

```
package ch6.n602Filter;
import java.io.*;
import java.util.Date;
import javax.servlet.ServletException;
import javax.servlet.http.*;
public class FilterServlet extends HttpServlet {
    public void doGet(HttpServletRequest request,
        HttpServletResponse response)
        throws ServletException, IOException {
        response.setContentType("text/html;charset=utf-8");
        PrintWriter out = response.getWriter();
        out.print("当前时间是:"+new Date()+"<br>");
    }
    public void doPost(HttpServletRequest request,
        HttpServletResponse response)
        throws ServletException, IOException {
        this.doGet(request, response);
    }
}
```

第3步,创建 FilterChain 过滤器链。方法是在 web.xml 中为前面定义的两个过滤器添加配置信息,并且让它们的<url-pattern>值与 Servlet 目标类的<url-pattern>相同,如 /servlet/FilterServlet,在 web.xml 中添加的配置代码如下。

```
<!-- 过滤器 1 的配置信息 -->
<filter>
    <filter-name>FilterConfig1</filter-name>
    <filter-class>ch6.n602Filter.FilterConfig1</filter-class>
    <init-param>
      <param-name>info1</param-name>
      <param-value>鸥鹭诗汀</param-value>
    </init-param>
```

```
</filter>
<filter-mapping>
    <filter-name>FilterConfig1</filter-name>
    <url-pattern>/servlet/FilterServlet</url-pattern>
</filter-mapping>
<!-- 过滤器 2 的配置信息 -->
<filter>
    <filter-name>FilterConfig2</filter-name>
    <filter-class>ch6.n602Filter.FilterConfig2</filter-class>
    <init-param>
      <param-name>info2</param-name>
      <param-value>鹭汀居士</param-value>
    </init-param>
</filter>
<filter-mapping>
    <filter-name>FilterConfig2</filter-name>
    <url-pattern>/servlet/FilterServlet</url-pattern>
</filter-mapping>
```

第 4 步,测试以上代码。方法是在浏览器中输入目标类的网址:

```
http://localhost/Web6FilterListener/servlet/FilterServlet
```

目标 Servlet 的运行结果如图 6-4 所示。

图 6-4　目标 Servlet 的运行结果

下面设计一个实现用户自动登录的 Filter 应用实例,如例 6-3 所示。其工作原理是设计一个过滤器来检查 Cookie 中是否保存了正确用户名和密码,如果保存了,就将该用户名保存在 Session 中。主页根据 Session 中是否有相关用户名来判断是否要求用户重新登录。

【例 6-3】 实现用户自动登录的 Filter 应用实例,设计过程如下。

第 1 步,创建实现自动登录的 Filter 过滤器类。方法是在 ch6 包中创建子包 n603Filter,然后在该子包中创建如下过滤器类。

```
package ch6.n603Filter;
import java.io.*;
import javax.servlet.*;
```

```java
import javax.servlet.http.*;
//过滤器类,如果 Cookie 中保存了正确的用户名和密码,则放行
public class LoginFilter implements Filter {
public void init(FilterConfig fConfig) throws ServletException {
    }
    public void doFilter(ServletRequest request,
        ServletResponse response, FilterChain chain)
        throws IOException, ServletException {
        HttpServletRequest req = (HttpServletRequest)request;
        Cookie[] cookies = req.getCookies();
        String user = null;
        //检查是否保存了名字为 user 的 Cookie
        for (int i = 0; cookies != null && i < cookies.length; i++)
        {
            if ("user".equals(cookies[i].getName())) {
                user = cookies[i].getValue();
                break;
            }
        }
        if (user != null) {
            //获取 Cookie 值中保存的用户名和密码
            String[] sp = user.split("-");
            String username = sp[0];
            String password = sp[1];
            if ("jsj".equals(username) && ("123").equals(password))
            {
                //登录成功,将用户名保存在 Session 中
                HttpSession session = req.getSession();
                session.setAttribute("username", username);
            }
        }
        chain.doFilter(request, response);                    //放行
    }
    public void destroy() {   }
}
```

第 2 步,创建 Servlet 目标类。方法是在 n603Filter 包中创建如下类。

```java
package ch6.n603Filter;
import java.io.*;
import javax.servlet.ServletException;
import javax.servlet.http.*;
//网站的主页类,如果用户已经登录,就显示诗词内容,否则显示登录页面的链接
public class IndexServlet extends HttpServlet {
    private static final long serialVersionUID = 1L;
    public void doGet(HttpServletRequest request,
```

```
        HttpServletResponse response)
    throws ServletException, IOException {
    response.setContentType("text/html;charset=gb2312");
    PrintWriter out = response.getWriter();
    HttpSession session = request.getSession();
    //如果 Session 中存在 username 信息,说明用户是否已经登录
    String username = (String)
        session.getAttribute("username");
    if( username == null){
        out.print("您还没有登录,请先 -->");
        out.print("<a href='/Web6FilterListener/
            n603login.html'>登录</a>" );
    }else{
        out.print("<article style='margin:3px;
            text-align:center'>");
        out.print("<h2>园丁挚爱 [五绝·平水韵]</h2>");
        out.print("<h5>文/鹭汀居士</h5>");
        out.print("<p>");
        out.print("蕙门兰蕙滋,挚爱育神奇。<br>");
        out.print("寒暑痴心护,耕耘志不移。<br>");
        out.print("2023 年 9 月 10 号<br>");
        out.print("</p>");
        out.print("欢迎用户" + username + "光临,单击");
        out.print("<a href='LogoutServlet'>退出</a>" );
        out.print("</article>");
    }
}
public void doPost(HttpServletRequest request,
    HttpServletResponse response)
    throws ServletException, IOException {
    this.doGet(request, response);
}
}
```

第 3 步,在 WebRoot 目录中创建登录表单网页,HTML 代码如下。

```
<!DOCTYPE html>
<html>
  <head>
    <title>用户登录 n603login.html</title>
    <meta name="content-type" content="text/html; charset=gb2312">
  </head>
  <body>
    <form name="reg" action="servlet/LoginServlet" method="post">
        <h3>用户登入窗口</h3>
        用户名: <input name="myName" type="text" /><br/>
```

```
密     码: <input name="myPsw"
type="password" /><br/>
<input type="submit" value="提交" />
<input type="reset"  value="重置">
    </form>
  </body>
</html>
```

第 4 步,在 n603Filter 子包中创建表单输入验证类,代码如下。

```java
package ch6.n603Filter;
import java.io.*;
import javax.servlet.ServletException;
import javax.servlet.http.*;
//表单检查类
public class LoginServlet extends HttpServlet {
    private static final long serialVersionUID = 1L;
    public void doGet(HttpServletRequest request,
        HttpServletResponse response)
        throws ServletException, IOException {
        response.setContentType("text/html;charset=gb2312");
        PrintWriter out = response.getWriter();
        String username = request.getParameter("myName");
        String password = request.getParameter("myPsw");
        if ("jsj".equals(username) && "123".equals(password)) {
            //登录成功,则将用户名保存在 Session 中
            HttpSession session = request.getSession();
            session.setAttribute("username", username);
            //将用户名和密码保存在 Cookie 中
            Cookie cookie = new Cookie("user", username + "-"
                + password);
            cookie.setMaxAge(60 * 60 * 24);
            cookie.setPath(request.getContextPath());
            response.addCookie(cookie);
            response.sendRedirect("IndexServlet");         //重定向主页
        }else {
            out.print("<script>");
            out.print("alert('用户名或密码错!');");
            //登录失败,重定向到登录页
            out.print("window.location.href =
                '/Web6FilterListener/n603login.html'");
            out.print("</script>");
        }
    }
    public void doPost(HttpServletRequest request,
        HttpServletResponse response)
```

```
        throws ServletException, IOException {
            this.doGet(request, response);
        }
}
```

第 5 步,在 n603Filter 子包中创建用户退出类,代码如下。

```
package ch6.n603Filter;
import java.io.*;
import javax.servlet.ServletException;
import javax.servlet.http.*;
//用户退出类,注销用户,重定向到主页
public class LogoutServlet extends HttpServlet {
    private static final long serialVersionUID = 1L;
    public void doGet(HttpServletRequest request,
        HttpServletResponse response)
        throws ServletException, IOException {
        //用户注销
        request.getSession().removeAttribute("username");
        Cookie cookie = new Cookie("user", "null");
        cookie.setPath(request.getContextPath());
        cookie.setMaxAge(0);
        response.addCookie(cookie);
        response.sendRedirect("IndexServlet");              //重定向到主页
    }
    public void doPost(HttpServletRequest request,
        HttpServletResponse response)
        throws ServletException, IOException {
        this.doGet(request, response);
    }
}
```

第 6 步,修改 WebRoot/WEB-INF/目录中的 web.xml 配置文件,添加以下代码。

```
<filter>
    <filter-name>LoginFilter</filter-name>
    <filter-class>ch6.n603Filter.LoginFilter</filter-class>
</filter>
<filter-mapping>
    <filter-name>LoginFilter</filter-name>
    <url-pattern>/servlet/IndexServlet</url-pattern>
</filter-mapping>
```

第 7 步,测试以上代码。在浏览器中输入目标主页网址:

http://localhost/Web6FilterListener/servlet/IndexServlet

程序运行结果如图 6-5 所示。

(a) 第一次访问主要的运行结果

(b) 用户单击"登入"按钮的结果

(c) 用户登入成功的结果

(d) 用户单击"退出"按钮结果

图 6-5　程序运行结果

可以看出,用户单击"退出"按钮后,返回到图 6-5(a)的开始状态。

6.2 Listener 监听器

事件监听是事件处理中的相关概念,在很多面向对象的程序设计语言中(例如 Java 语言的窗体程序设计)都包含事件处理功能,Servlet 也如此,下面介绍其相关概念。

6.2.1 事件处理的相关概念

事件处理主要包括事件、事件源、事件监听器,以及事件监听器中包含的事件处理方法等内容,下面分别介绍它们的基本定义。

(1)事件:就是指在某种场景中某种对象发生的行为。例如,上课铃响、股票上涨、用户单击按钮、鼠标移动、按键等。

(2)事件源:就是指产生事件的对象。例如,上述事件中的学校铃、股票、按钮、鼠标、键盘等。

(3)事件监听器:又称事件处理者,它与事件源进行绑定,当事件发生后,会执行其相关的事件处理方法。例如,关注上课铃的老师和学生、关注股票涨跌的股民。

(4)事件处理方法:也叫事件处理函数,它是指事件监听器执行的方法。例如,老师或者学生听到上课铃进入教室上课,股民看到股票涨跌时买或卖股票。

6.2.2 Servlet 的事件监听器

在开发 Web 应用程序时,也经常会用到监听器,Servlet API 中提供了 8 种监听器,用于监听 Web 应用程序中的 ServletContext(上下文)、HttpSession(会话)和 ServletRequest(请求)三个域对象的创建或初始化和销毁、对象属性的增删改变化,以及 HttpSession 对象的绑定和解绑、HttpSession 对象的活化和钝化等。

1. ServletContextListener 接口

该接口用于监听上下文对象的初始化和销毁,它定义了以下两个方法。

(1)public void contextInitialized(ServletContextEvent event):该方法在上下文对象被初始化前调用。

(2)public void contextDestroyed(ServletContextEvent event):该方法在上下文对象被销毁之后被调用。

以上两个方法都包含 ServletContextEvent 类型的事件参数,该事件的 getServletContext()方法用于获取一个 ServletContext 上下文对象。

2. ServletContextAttributeListener 接口

该接口用于监听上下文对象的属性发生的增加、删除与修改等变化,它定义了以下三个方法。

(1)public void attributeAdded(ServletContextAttributeEvent event):该方法在上下文对象增加属性时调用。

(2)public void attributeMoved(ServletContextAttributeEvent event):该方法在上下文对象删除属性时调用。

（3）public void attributeReplaced(ServletContextAttributeEvent event)：该方法在上下文对象的属性被修改时调用。

3. HttpSessionListener 接口

该接口用于监听会话对象的创建和销毁，它定义了以下两个方法。

（1）public void sessionCreated(HttpSessionEvent event)：该方法在 Session 对象被创建后调用。

（2）public void sessionDestroyed(HttpSessionEvent event)：该方法在 Session 对象被销毁前调用。

4. HttpSessionAttributeListener 接口

该接口用于监听会话对象的属性变化，它定义了以下三个方法。

（1）public void attributeAdded(HttpSessionBindingEvent event)：该方法在 Session 对象增加属性时调用。

（2）public void attributeMoved(HttpSessionBindingEvent event)：该方法在 Session 对象删除属性时调用。

（3）public void attributeReplaced(HttpSessionBindingEvent event)：该方法在 Session 对象的属性被修改时调用。

5. HttpSessionBindingListener 接口

该接口用于监听 Session 对象的绑定和解绑，它定义了以下两个方法：

（1）public void valueBound(HttpSessionBindingEvent event)：该方法在实现了 HttpSessionBindingListener 接口的对象被绑定到 Session 中时调用。

（2）public void valueUnBound(HttpSessionBindingEvent event)：该方法在实现了 HttpSessionBindingListener 接口的对象从 Session 中被删除绑定时调用。

6. HttpSessionActivationListener 接口

该接口用于监听会话对象被活化和钝化，它定义了以下两个方法。

（1）public void sessionDidActivate(HttpSessionEvent event)：该方法在 Session 对象被活化后调用。活化就是把磁盘中保存的 Session 字节序列转换为 Session 对象，然后保存在内存中，即反序列化。

（2）public void sessionWillPassivate(HttpSessionEvent event)：该方法在 Session 对象被钝化前调用。钝化就是把内存中的 Session 对象转换为字节序列，然后保存到硬盘中，即序列化或持久化。

7. ServletRequestListener 接口

该接口用于监听请求对象的初始化或销毁，它定义了以下两个方法。

（1）public void requestInitialized(ServletRequestEvent event)：该方法在请求对象被初始化前调用。

（2）public void requestDestroyed(ServletRequestEvent event)：该方法在请求对象被销毁后调用。

8. ServletRequestAttributeListener 接口

该接口用于监听请求对象的属性改变，它定义了以下三个方法。

（1）public void attributeAdded(ServletRequestAttributeEvent event)：该方法在请求

对象增加属性时调用。

（2）public void attributeRemoved(ServletRequestAttributeEvent event)：该方法在请求对象删除属性时调用。

（3）public void attributeReplaced(ServletRequestAttributeEvent event)：该方法在请求对象的属性被修改时调用。

下面利用 HttpSessionListener 事件监听器设计一个具有会话人数统计功能的诗词网站实例，如例 6-4 所示。其工作原理是：当有新用户访问网站，创建 Session 对象，计数器加 1；当老用户关闭浏览器或者访问销毁 Session 对象的网页，则计数器减 1。

【例 6-4】 具有会话人数统计功能的诗词网站实例，设计过程如下。

第 1 步，在 Web6FilterListener 项目的 ch6 包中创建 n604Listener 子包。

第 2 步，创建事件监听类。方法是在 n604Listener 子包中创建 HttpSessionListener 接口的实现类，其代码如下。

```
package ch6.n604Listener;
import javax.servlet.ServletContext;
import javax.servlet.http. * ;
public class CounterListener implements HttpSessionListener{
    private int counter=0;
    public void sessionCreated(HttpSessionEvent se){
        counter++;
        HttpSession session=se.getSession();
        ServletContext context=session.getServletContext();
        context.setAttribute("Counter", new Integer(counter));
    }
    public void sessionDestroyed(HttpSessionEvent se){
        if(counter>0) counter--;
        HttpSession session=se.getSession();
        ServletContext context=session.getServletContext();
        context.setAttribute("Counter", new Integer(counter));
    }
}
```

第 3 步，事件绑定。方法是修改 WebRoot\WEB-INF\目录中的 web.xml 配置文件，在 <web-app></web-app>中添加以下配置代码。

```
<listener>
    <listener-class>
        ch6.n604Listener.CounterListener
    </listener-class>
</listener>
```

第 4 步，在 n604Listener 子包中创建两个测试类。

（1）测试类 1：访问该诗词网页时创建会话，其代码如下。

```
package ch6.n604Listener;
```

```java
import java.io.*;
import javax.servlet.*;
import javax.servlet.http.*;
public class CounterServlet1 extends HttpServlet {
    private static final long serialVersionUID = 1L;
    public void doGet(HttpServletRequest request,
        HttpServletResponse response)
        throws ServletException, IOException {
        //获取或创建 Session 对象
        HttpSession session=request.getSession(true);
        //以上语句可能会触发 Session 对象被创建事件
        response.setContentType("text/html;charset=utf-8");
        PrintWriter out = response.getWriter();
        ServletContext context=this.getServletContext();
        Integer counter=(Integer)
                   context.getAttribute("Counter");
        out.print("<article style='margin:3px;
                   text-align:center'>");
        out.print("<h2>韶关乐园 [七律·平水韵]</h2>");
        out.print("<h5>文/鹭汀居士</h5>");
        out.print("<p>");
        out.print("韶院乐园多沃土,喜逢大地起和风。<br>");
        out.print("莘莘桃李凌云志,畹畹芝兰溢宇功。<br>");
        out.print("春夏秋冬花馥馥,东南西北树葱葱。<br>");
        out.print("有缘成就黄牛梦,育种施肥亩产丰。<br>");
        out.print("2022 年 11 月 19 号<br><br>");
        out.print("当前会话人数;"+counter+"<br>");
        out.print("</p>");
        out.print("</article>");
    }
    public void doPost(HttpServletRequest request,
        HttpServletResponse response)
        throws ServletException, IOException {
        this.doGet(request, response);
    }
}
```

（2）测试类 2：访问该诗词网页时删除会话,代码如下。

```java
package ch6.n604Listener;
import java.io.*;
import javax.servlet.*;
import javax.servlet.http.*;
public class CounterServlet2 extends HttpServlet {
    private static final long serialVersionUID = 1L;
```

```java
public void doGet(HttpServletRequest request,
    HttpServletResponse response)
    throws ServletException, IOException {
    //获取 Session 对象,如果 Session 存在则删除它
    HttpSession session=request.getSession(false);
    if (session != null) { session.invalidate();}
    //以上语句触发 Session 对象被销毁事件
    response.setContentType("text/html;charset=utf-8");
    PrintWriter out = response.getWriter();
    ServletContext context=this.getServletContext();
    Integer counter=(Integer)
            context.getAttribute("Counter");
    out.print("<article style='margin:3px;
            text-align:center'>");
    out.print("<h2>高考 [五律·新韵]</h2>");
    out.print("<h5>文/鹭汀居士</h5>");
    out.print("<p>");
    out.print("十年羽渐丰,今日画苍穹。<br>");
    out.print("志跃赛场外,才融墨卷中。<br>");
    out.print("登科闻喜鹊,折桂见蟾宫。<br>");
    out.print("满腹家国梦,丹心欲效忠。<br>");
    out.print("2022 年 6 月 8 号<br><br>");
    out.print("当前会话人数:"+counter+"<br>");
    out.print("</p>");
    out.print("</article>");
}
public void doPost(HttpServletRequest request,
    HttpServletResponse response)
    throws ServletException, IOException {
    this.doGet(request, response);
}
}
```

第 5 步,测试以上代码。

(1) 打开和关闭浏览器访问测试类 1 的网址两次:

http://localhost/Web6FilterListener/servlet/CounterServlet1

访问测试类 1 的运行结果如图 6-6 所示。

(2) 在浏览器中访问测试类 2 的网址一次:

http://localhost/Web6FilterListener/servlet/CounterServlet2

访问测试类 2 的程序运行结果如图 6-7 所示。

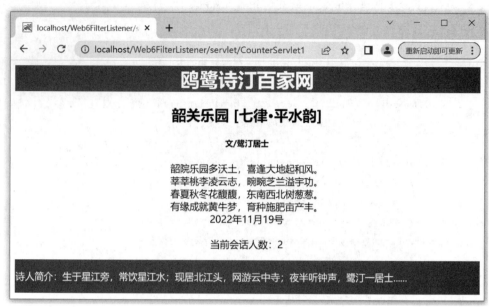

图 6-6　访问测试类 1 的运行结果

图 6.7　访问测试类 2 的运行结果

6.3　本章小结

本章主要讲解 Filter 过滤器的工作原理和设计方法，介绍了 Filter 配置文件的书写方法，以及用 FilterConfig 接口的方法获取 web.xml 文件中的配置信息的方法；并且说明了事件处理的相关概念，以及 Servlet API 提供的监听器的种类、功能与使用方法。

6.4　实验指导

1. 实验名称

Filter 过滤器的应用。

2. 实验目的

（1）理解 Filter 过滤器的基本方法和工作原理。

（2）掌握 Filter 的配置方法和过滤程序的设计。

（3）明白 FilterConfig 接口的使用方法。

3. 实验内容

用 Filter 和 FilterConfig 设计一个包含过滤器的项目。

6.5　课后练习

一、判断题

1. Web 开发人员通过 Filter 技术可以实现一些特殊功能。　　　　　　（　　）

2. 过滤器的基本功能是对 Servlet 容器调用 Servlet 的过程进行拦截。　　（　　）

3. doFilter()方法只会被调用一次。　　　　　　　　　　　　　　　　（　　）

4. 在一个 web.xml 中只能配置一个监听器。　　　　　　　　　　　　（　　）

5. doFilter()方法的参数 chain 是过滤器链对象。　　　　　　　　　　（　　）

6. Servlet 事件监听器根据监听事件的不同,可以分为两类。　　　　　　（　　）

7. ServletContextListener 接口用于监听上下文对象的初始化和销毁。　　（　　）

8. HttpSessionListener 接口用于监听会话对象的属性的变化。　　　　　（　　）

9. ServletRequestAttributeListener 用于监听请求对象的初始化或者被销毁。（　　）

10. Filter 是 Servlet 接收请求前的预处理器。　　　　　　　　　　　　（　　）

11. 事件监听器就是指产生事件的对象。　　　　　　　　　　　　　　　（　　）

二、名词解释

1. 过滤器　　　　　　　　　　　　　　2. FilterConfig

3. 事件　　　　　　　　　　　　　　　4. 事件源

5. 事件监听器　　　　　　　　　　　　6. 事件处理方法

三、单选题

1. 在 J2EE 中,使用 Servlet 过滤器时,需要在 web.xml 通过(　　　)元素将过滤器映射到 Web 资源。

　　　A. <filter>　　　　　　　　　　　B. <filter-mapping>

　　　C. <servlet>　　　　　　　　　　　D. <servlet-mapping>

2. 关于 Filter 链的执行顺序,是由 web.xml 文件中的哪个元素决定的? (　　　)

　　　A. <filter>元素顺序决定　　　　　　B. <filter-mapping>元素顺序决定

　　　C. <filter-class>元素顺序决定　　　　D. 由过滤器类名的顺序决定

3. 编写一个 Filter,需要(　　　)。

A. 继承 Filter 类　　　　　　　　　　　B. 实现 Filter 接口

C. 继承 HttpFilter 类　　　　　　　　　D. 实现 HttpFilter 接口

4. 在编写过滤器时,需要完成的方法是(　　)。

A. doFilter()　　　　B. doChain()　　　　C. doPost()　　　　D. doDelete()

5. 在 Filter 过滤器中,每当传递请求或响应时,Web 容器会调用哪些方法?(　　)

A. init()　　　　　　B. service()　　　　C. doFilter()　　　　D. destroy()

6. 当上下文对象被初始化时应调用下列哪个方法?(　　)

A. contextInitial(ServletContext e)

B. contextInitialize(ServletContext e)

C. contextInitialize(ServletContextEvent e)

D. contextInitialized(ServletContextEvent e)

四、填空题

1. Servlet API 的_____接口用于拦截客户的请求,它可以在 Servlet 容器中对_____对象被调用前进行拦截。接口_____用于对 Context、Session、Request 事件进行监听。

2. Filter 接口的_____方法可以实现对客户端访问的资源进行过滤。

3. Servlet API 的_____接口用来获取 web.xml 文件中的配置信息。

4. 事件就是指在某种场景中某种_____发生的行为,_____是指产生事件的对象,事件处理方法是指_____执行的方法。

5. 用于监听 ServletRequest 对象生命周期的接口是_____。

6. ServletContextListener 用于监听_____对象的初始化和销毁。

7. HttpSessionAttributeListener 用于监听 Session 中的_____的变化。

8. HttpSessionBindingListener 用于监听_____中绑定或者删除绑定对象。

五、简答题

1. 简述什么是 Servlet 的 Filter,并说明其作用。

2. 简述 Filter 工作原理。

3. Servlet API 中提供了哪几种监听器? 它们有什么功能?

4. 简述 Servlet 事件监听器的作用。

六、程序填空题

1. 以下代码定义的过滤器类拦截用户的请求,如果用户的访问网址和拦截路径匹配,过滤器执行 doFilter()方法,从配置文件中获取参数 info1 的信息,并且向浏览器输出相关旅游点的欢迎信息,请按提示填写下画线部分的代码。

```java
public class FilterConfig1 implements Filter {
    FilterConfig myConfig;
    public void init(FilterConfig fConfig)
        throws ServletException {
        this.myConfig =____①____;                    //获取 FilterConfig 对象
    }
    public void doFilter(ServletRequest request,
```

```
                ServletResponse response, FilterChain chain)
                throws IOException, ServletException {
                response.setContentType("text/html;charset=utf-8");
                PrintWriter out = response.getWriter();
                String info=myConfig._____②_____;              //获取参数 info1 的信息
                out.print("朋友,欢迎您来"+info+"旅游!<br>");
                chain._____③_____;                             //请求传给下一个过滤器
                out.print("再见了朋友,希望您下次再来!<br>");
            }
        public void destroy(){ }
    }
```

2. 以下方法用于测试会话事件,其功能是触发会话创建事件和会话销毁事件,然后获取并显示会话监听器中保存的 info 信息,请按提示填写下画线部分的代码。

```
public void doGet(HttpServletRequest request,
    HttpServletResponse response)
    throws ServletException, IOException {
    HttpSession session= request._____①_____;              //获取或创建会话对象
    //以上语句可能会触发 Session 对象被创建的事件
    response.setContentType("text/html;charset=utf-8");
    PrintWriter out = response.getWriter();
    ServletContext context=this.getServletContext();
    String info1 = (String)context._____②_____;            //获取会话保存的 info 信息
    out.print(info1+"<br>");
    out.print("现在是旅游时间......<br>");
    if (session != null) { session._____③_____;}            //如果会话存在则删除它
    //以上语句触发 Session 对象被销毁的事件
    String info2 = (String) context.getAttribute("info");
    out.print(info2+"<br>");
}
```

七、程序分析题

1. 分析下列代码并写出其功能。

```
<filter>
    <filter-name>FilterConfig1</filter-name>
    <filter-class>ch8Filter.FilterConfig1</filter-class>
    <init-param>
      <param-name>info1</param-name>
      <param-value>韶关</param-value>
    </init-param>
</filter>
<filter-mapping>
    <filter-name>FilterConfig1</filter-name>
    <url-pattern>/FilterServlet</url-pattern>
</filter-mapping>
```

2. 分析下列程序并写出程序的功能。

```
public class MyFilter implements Filter {
    public void init(FilterConfig fConfig) throws ServletException{ }
    public void doFilter(ServletRequest request, ServletResponse response,
FilterChain chain)
        throws IOException, ServletException {
        PrintWriter out=response.getWriter();
        out.write("Hello MyFilter");
    }
    public void destroy(){   }
}
```

3. 分析下列程序并写出程序的功能。

```
public class MyListener implements HttpSessionListener{
    public void sessionCreated(HttpSessionEvent se) {
        HttpSession session=se.getSession();
        ServletContext context=session.getServletContext();
    context.setAttribute("info", "朋友,欢迎您来婺源旅游!");
    }
    public void sessionDestroyed(HttpSessionEvent se){
        HttpSession session=se.getSession();
        ServletContext context=session.getServletContext();
        context.setAttribute("info", "再见了朋友,希望您下次再来!");
    }
}
```

八、程序设计题

1. 在配置文件 web.xml 中,为监听器 MyListener 添加配置代码。

2. 模仿教材中的实例,设计一个过滤器类,用于拦截用户的请求,如果用户输入的网址与过滤器拦截的路径匹配,则过滤器向浏览器输出"对不起,该网址您无权访问!"。

第7章 Web项目的JSP技术

视频讲解

📖 **本章学习目标：**

- 能正确描述 JSP 的主要特征和构成要素。
- 能熟练使用 JSP 脚本元素进行编程。
- 能熟练应用 JSP 指令标签和 JSP 动作标签编程。

📖 **主要知识点：**

- JSP 的脚本元素。
- 两种指令标签。
- 5 种动作标签。

📖 **思想引领：**

- 介绍 JSP 的构成要素的特征以及各个要素之间的关系与责任。
- 引申出团队精神的重要性，培养学生与人沟通与合作的能力。

在前面的章节介绍过，HTML 只能显示网页中的静态内容，无法实现动态功能，所以只用于网站的前端静态网页的开发。而 Servlet 虽然方便设计动态网页，但显示动态内容需要调用大量的输出语句，导致程序代码臃肿，所以 Servlet 通常用于网站中不需要输出的后端代码开发。但后端的动态结果最终要送到前端显示，所以 Sun 公司于 1999 年 6 月推出了 JSP 技术，该技术支持 HTML 静态标签与 Servlet 动态代码共同存在于一个 JSP 文件中，这增加了网站前端开发的动态性，下面介绍该技术。

7.1 JSP 概述

JSP 是 Java Server Pages 的缩写，其文件扩展名是.jsp，它是建立在 Servlet 规范之上的动态网页开发技术。在 JSP 文件中允许 HTML 标签与 Java 代码共同存在，它们分别用来显示静态内容和动态内容，下面先介绍其主要特征。

7.1.1 JSP 的主要特征

JSP 技术是在 Servlet 技术的基础上发展出来的，其目的是简化 Java Web 程序的输出代码，所以用它开发的 Web 应用程序也是基于 Java 的，它具有以下几点特征。

1. 跨平台

由于 JSP 也是基于 Java 语言的，所以它具有 Java 语言跨平台的特点，其字节码与平台无关，可以从一个平台（如 Windows）直接移植到另一个平台（如 Linux），不需要重新编译，即具有 Java 语言的"一次编译,到处运行"的特点。

2. 预编译

预编译是指 JSP 代码第一次被用户通过浏览器访问时,Web 服务器的 JSP 引擎(容器)将 JSP 代码转换为 Servlet 代码,然后编译成 class 字节码,再运行该字节码,最后将运行结果返回给客户端。用户下一次再访问时,会直接执行编译好的字节码。这样减少了对 CPU 资源的占用,大大提高了客户的访问速度。JSP 预编译执行过程如图 7-1 所示。

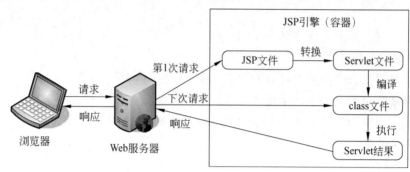

图 7-1　JSP 预编译执行过程

3. 业务代码分离

业务代码分离是指开发 Web 应用时,将界面的开发与应用程序的开发分离开,开发人员使用 HTML 来设计界面,使用 JSP 标签和脚本来动态生成页面的内容。Web 服务器端的 JSP 引擎(如 Tomcat)负责解析 JSP 标签和脚本程序,并生成用户请求的运行结果,然后以 HTML 页面形式返回浏览器。

4. 组件重用

JSP 中可以将业务处理代码或数据封装成 JavaBean 类,该类遵循一个接口格式,以便于构造和应用,把该类对象称为业务组件。可以将 JavaBean 组件移植、重用、组装到整个项目中或者其他 Web 应用程序中。

7.1.2　JSP 的构成要素

JSP 页面主要包含模板元素、脚本元素和 JSP 标签,各部分的特点如下。

(1) 模板元素:它定义了网页的基本框架,即定义了页面的结构和外观,属于 JSP 页面中的静态内容,如前面章节中介绍的 HTML 标签等。JSP 引擎不处理该部分内容,而是直接把它们发送到客户端的浏览器。

(2) 脚本元素:指 JSP 网页中嵌入的 Java 代码,如 Java 声明、Java 脚本片段和 JSP 表达式等,属于 JSP 页面中的动态内容。

(3) JSP 标签:JSP 内部定义的标签,分为 JSP 指令标签和 JSP 动作标签等,属于 JSP 页面中的动态内容。

JSP 引擎负责处理 JSP 网页中的动态内容,并把处理结果以 HTML 静态格式发送到客户端浏览器。在详细介绍它们之前,先看一个 JSP 模板元素实例,如例 7-1 所示。

【例 7-1】　JSP 模板元素实例,设计过程如下。

第 1 步,在 MyEclipse 平台新建 Web7JspTest 项目,然后右键单击该项目的 WebRoot

目录,选择 New→JSP→输入"n701JspTemplate.jsp"文件名,然后编写如下代码。

```
<%@ page language="java" import="java.util.*" pageEncoding="UTF-8"%>
<!DOCTYPE html>
<html>
  <head><title>n701JspTemplate.jsp</title></head>
  <body  style='text-align:center'>
    <h3>禅凤双城游(清平乐·李白体·词林正韵)</h3>
    <h5>文/鹭汀居士:</h5>
    <p>
    携妻伴女,端午双城旅。<br>
    禅凤繁华多情侣,假日古街齐聚。<br>
    转角日染琼楼,清晖园话春秋。<br>
    雕阁古墙念旧,光阴碧水轻流。<br>
    2022-06-04<br>
    </p>
  </body>
</html>
```

第 2 步,测试以上代码。在浏览器中输入网址:

```
http://localhost/Web7JspTest/n701JspTemplate.jsp
```

JSP 页面运行结果如图 7-2 所示。

图 7-2　JSP 页面运行结果

7.2　JSP 的脚本元素

JSP 脚本元素是指嵌入在字符<%和%>之中的一条或多条 Java 代码,主要包含脚本片段、JSP 表达式和 JSP 声明,它们之间可以插入 JSP 注释。所有可执行的 Java 代码都可以嵌入到 HTML 页面中,下面分别介绍。

7.2.1　JSP 脚本片段

脚本片段由一条或多条可以执行的 Java 语句构成,每条语句后面要加分号分隔符。它们通过以"<％"开始,以"％>"结束插入到JSP网页中,完成相关控制和任务,实现网页的动态功能,其语法格式如下。

<％ Java 代码 ％>

注意,字符"<"与"％"之间,以及字符"％"与">"之间不能有空格。在脚本片段中定义的变量和方法在当前的整个页面内都有效,不会被其他线程共享,下面设计一个用JSP计算阶乘的程序实例,如例7-2所示。

【例7-2】 用JSP计算阶乘的程序实例,设计过程如下。

第1步,在当前项目的 WebRoot 目录中新建 n702scriptlets.jsp 文件,代码如下。

```jsp
<%@ page language="java" import="java.util.*" pageEncoding="UTF-8"%>
<!DOCTYPE html>
<html>
<head>
<title>n702scriptlets.jsp</title>
</head>
<body>
<%
    int p=1;
    for(int i=1;i<=6;i++){
        p=p*i;
    }
    out.print("6的阶乘是:"+p);                    //输出
%>
</body>
</html>
```

第2步,测试以上代码。在浏览器中输入网址:

```
http://localhost/Web7JspTest/n702scriptlets.jsp
```

JSP页面运行结果如图 7-3 所示。

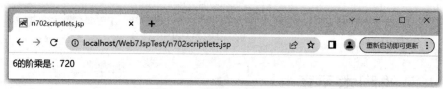

图 7-3　JSP 页面运行结果

在例7-2的脚本片段中声明了变量p,它是JSP页的局部变量。调用该脚本片段时,平台为局部变量分配内存空间,调用结束后,释放其占有的空间。

7.2.2　JSP 表达式

JSP表达式(Expression)是将Java变量或表达式的计算结果输出到客户端的简化方式,变量或表达式封装在以"<％="开头和以"％>"结束的标记中,具体语法格式如下。

```
<%= JSP 表达式 %>
```

同样,字符"<""%""="之间,以及字符"%"与">"之间不能有空格,并且表达式后不能加分号。例如:<%= Math.PI * 3 * 3 %>,下面设计一个包含时钟显示的诗词网页实例,如例 7-3 所示。

【例 7-3】 包含时钟显示的诗词网页实例,设计过程如下。

第 1 步,在当前项目的 WebRoot 目录中新建 n703scriptExpression.jsp 文件,代码如下。

```
<%@ page language="java" import="java.util.Date"
contentType="text/html; charset=UTF-8" %>
<!DOCTYPE html>
<html>
<head><title>n703scriptExpression.jsp</title></head>
<!-- 每 2s 刷新(refresh)网页一次  -->
<meta http-equiv="refresh" content="2">
<body>
<h3>浪淘沙令·荷塘寻鹭 [李煜体·词林正韵] </h3>
<h5>文/鹭汀居士: </h5>
<p>
炎夏觅荷塘,无限风光。<br>
仿依清照酒轻狂。沉醉芙蓉寻野鹭,惊醒鸳鸯。<br>
舟入藕中央,洁雅清香。<br>
易安浪漫世无双。日暮溪亭留翰墨。千古流芳。<br><br>
诗词发表日期:2022-7-13<br>
用户访问时间:<%=new Date().toLocaleString()%>
</p>
</body>
</html>
```

第 2 步,测试以上代码。在浏览器中输入网址:

```
http://localhost/Web7JspTest/n703scriptExpression.jsp
```

程序每 2s 刷新时间一次,运行结果如图 7-4 所示。

图 7-4　JSP 页面的运行结果

7.2.3　JSP 声明

JSP 的声明语句用于在 JSP 页面中定义变量和函数，变量和函数的命名规则与 Java 中的命名规则相同，且每行语句后面要加分号分隔符。JSP 的声明封装在以"＜％!"开始，以"％＞"结束的标记中，语法格式如下。

＜%! 定义变量或函数 %＞

注意，字符"＜""％""!"之间，以及字符"％"与"＞"之间不能有空格，每个声明只在当前 JSP 页面内有效，但在方法内定义的变量只在该方法内有效。下面用 JSP 声明语句设计求圆面积的程序实例，如例 7-4 所示。

【例 7-4】 求圆面积的程序实例，设计过程如下。

第 1 步，在当前项目的 WebRoot 目录中新建 n704scriptDeclare.jsp 文件，代码如下。

```
<%@ page language="java" contentType="text/html; charset=UTF-8" %>
<!DOCTYPE html>
<html>
<head>
<title>n704scriptDeclare.jsp</title>
</head>
<body>
<%!
final double PI=Math.PI;
double r=10;
double getArea(double a){
    return PI * a * a;
}
%>
<p>半径为<%= r %> 的圆的面积是:<%=getArea(r)%></p>
</body>
</html>
```

第 2 步，测试以上代码。在浏览器中输入网址：

```
http://localhost/Web7JspTest/n704scriptDeclare.jsp
```

JSP 页面运行结果如图 7-5 所示。

图 7-5　JSP 页面运行结果

7.2.4　JSP 注释

在 JSP 文档中除了可以包含前面介绍的 HTML 注释，还包含自己定义的 JSP 注释，另外,在 JSP 脚本片段中还可以包含 Java 的注释,其特点如下。

1. HTML 注释

该注释在介绍 HTML 文档时介绍过,其特点是不被浏览器解释执行,但在浏览器的源文件中可以查看到,其语法格式如下。

```
<!-- 注释信息 [<%=表达式%>] -->
```

该 HTML 注释中可以包含 JSP 表达式,这些表达式将被 JSP 容器处理,动态生成注释内容。

2. JSP 注释

它是 JSP 自身的注释,其特点是 Tomcat 容器在将 JSP 页面转换成 Servlet 程序时,会忽略 JSP 页面中被注释的内容,也不会将注释信息发送到客户端,所以在浏览器的源文件中查看不到 JSP 注释,语法格式如下。

```
<%-- JSP 注释信息  --%>
```

3. Java 注释

该注释在学习 Java 语言时介绍过,它是 Java 语言自身的注释,分为单行注释和多行注释两种,语法格式如下。

```
<% //单行注释%>
<% /* 多行注释 */ %>
```

Java 注释在 JSP 脚本片段中使用,Tomcat 容器解释执行时会忽略该注释内容,所以在浏览器的源文件中也查看不到。下面设计一个包含注释的程序实例,如例 7-5 所示。

【例 7-5】 包含注释的程序实例,设计过程如下。

第 1 步,在当前项目的 WebRoot 目录中新建 n705scriptNote.jsp 文件,代码如下。

```
<%@ page language="java" contentType="text/html; charset=UTF-8" %>
<!DOCTYPE html>
<html>
<head><title>n705scriptNote.jsp</title></head>
<body>
    <h3>注释测试</h3>
    <p>以下代码包含 HTML 注释、JSP 注释和 Java 注释,注意它们的特点。</p>
    <!-- HTML 注释,是客户端注释,浏览器通过查看源代码可见-->
    <%-- JSP 注释,是服务器端注释,客户端查看不到--%>
    <% //Java 注释,是服务器端注释,客户端查看不到%>
</body>
</html>
```

第 2 步,测试以上代码。在浏览器中输入网址:

```
http://localhost/Web7JspTest/n705scriptNote.jsp
```

程序运行结果不输出注释内容,右击页面,选择"查看源"命令可以查看客户端的源代码,运行结果如图 7-6 所示。

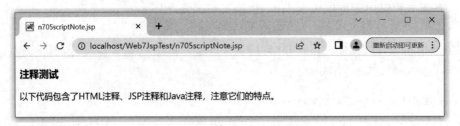

(a) 运行结果

(b) 查看源代码

图 7-6　JSP 页面的运行结果

从以上运行结果可以看出，浏览器查看的 HTML 源代码中只包含 HTML 注释，不包含 JSP 注释和 Java 注释。

7.3　JSP 的标签

JSP 的标签分为指令标签和动作标签两种，通过 JSP 标签同样可以在网页中插入 Java 代码，下面分别介绍它们。

7.3.1　JSP 指令标签

JSP 指令标签用来设置整个 JSP 页面范围的相关信息，由服务器解释执行。它不产生任何输出内容到当前输出流中，只是告诉 JSP 引擎如何处理 JSP 页面，其语法格式如下。

<%@ 指令名称 属性="值"%>

需要注意的是，起始标记"<%@"和结束标记"%>"的各字符之间不能有空格。JSP 指令名称包含 page、include 和 taglib 三种，下面详细介绍它们。

1. page 指令

page 指令用来定义整个页面有效的属性。例如，页面采用的编码方式、使用的语言、引用的包、缓冲区的大小、是否支持多线程请求、出错处理页面的路径等。当 JSP 页面转换为 Servlet 时，这些属性会转换为相应的 Java 代码，一个 JSP 页面中可以包含多个 page 指令，这些 page 指令通常写在 JSP 页面的最前面，但不管 page 指令书写在网页的哪个位置，其作用范围也是整个页面，page 指令的语法格式如下。

<%@ page 属性名 1=属性值 1 属性名 2=属性值 2 … 属性名 *N*=属性值 *N*　%>

page 指令包含以下常用属性。

（1）language 属性：用于设置 JSP 页面中使用的脚本语言的种类，目前只支持"java"。

（2）pageEncoding 属性：用于指定 JSP 页面使用的字符编码，默认值为 ISO-8859-1，如例 7-2 中定义的＜%@ page pageEncoding＝"UTF-8" %＞。

（3）contentType 属性：指明 JSP 采用的 MIME 类型和字符编码，默认值是"text/html；charset＝ISO-8859-1"，如例 7-5 中定义的＜%@ page contentType＝"text/html；charset＝utf-8" %＞。

（4）import 属性：指明 JSP 需要导入的包和类，其中，包 java.lang.＊、javax.servlet.＊、javax.servlet.jsp.＊、javax.servlet.http.＊ 会默认导入。例如，＜%@ page import＝"java.util.＊,java.io.＊" %＞。

（5）session 属性：指明 JSP 网站是否支持 Session 会话功能，默认值为"true"，如果为"false"则不支持会话功能。例如，＜%@ page session＝"false" %＞。

（6）buffer 属性：指明 JSP 页面中的 out 对象使用的缓冲区大小，默认值是"8kb"，如果值为"none"，则表示不缓冲数据。例如，＜%@ page buffer＝"16kb" %＞。

（7）autoFlush 属性：设置 buffer 溢出时是否强制输出，默认值是"true"，如果值为"false"，则 buffer 溢出时产生异常。

（8）info 属性：指明 JSP 的 Servlet 信息，可以通过 Servlet 的 getServletInfo（）方法获取该信息。

（9）errorPage 属性：指明当 JSP 页面发生异常时，负责处理异常的 JSP 文件路径。例如，＜%@ page errorPage＝"error.jsp" %＞。

（10）isErrorPage 属性：指明当前页面是否是异常处理页面，默认值是"false"。例如，＜%@ page isErrorPage＝"true" %＞。

（11）isELignored 属性：指明是否忽略 EL 表达式的执行，默认值是"false"。例如，＜%@ page isELignored＝"true" %＞。

（12）isScriptingEnabled 属性：指明脚本元素能否被使用，默认值是"true"。

（13）isThreadSafe 属性：指明 JSP 文件是否支持多线程请求，默认值是"true"，如果值为"false"，则表示一次只能处理一个用户请求。

（14）extends 属性：用于指定 JSP 页面转换为 Servlet 类后的父类。通常不设置该属性，如果设置该属性，可能会影响 JSP 的编译能力。

以上属性，除了 import 外，其他属性在 page 指令中都只能出现一次，否则会编译失败。另外，page 指令的属性名是区分大小写的。下面设计一个包含 page 指令的程序实例，如例 7-6 所示。

【例 7-6】 包含 page 指令的程序实例，设计过程如下。

第 1 步，在当前项目的 WebRoot 目录中新建 n706pageTest.jsp 文件，代码如下。

```
<%@ page language="java" import="java.util.*" pageEncoding="UTF-8"%>
<html>
<head>
  <title>My JSP 'n706pageTest.jsp' starting page</title>
```

```
</head>
<body>
  <h3>page 指令标签应用测试:</h3>
  <%
  Map<String,Float> book = new HashMap<String,Float>();
  book.put("唐诗三百首", new Float(24));
  book.put("宋词三百首", new Float(29.8));
  out.print("<br>书《唐诗三百首》的售价是:" + book.get("唐诗三百首"));
  out.print("<br>书《宋词三百首》的售价是:" + book.get("宋词三百首"));
  out.print("<br>映射对象 book 的内容:" + book);
  out.print("<br>映射对象 book 的键:" + book.keySet());
  out.print("<br>映射对象 book 的值:" + book.values());
  out.print("<br>映射对象 book 的个数:" + book.size());
  %>
</body>
</html>
```

第2步,测试以上代码。在浏览器中输入网址:

```
http://localhost/Web7JspTest/n706pageTest.jsp
```

JSP 页面的运行结果如图 7-7 所示。

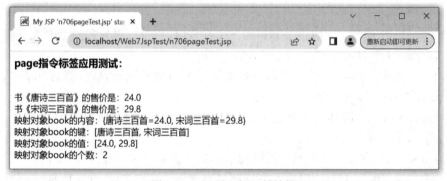

图 7-7　JSP 页面的运行结果

以上实例中用到 Map 类,它属于 java.util 包,使用 page 指令的 import 属性导入。

2. include 指令

include 指令的功能是在 JSP 页面中静态包含一个文本文件,例如,HTML 文件、JSP 文件等。被包含的文件与源文件构成一个整体,然后转换成相应的 Java 源代码,其语法格式如下。

<%@ include file="文件的相对 URL" %>

该指令只有一个 file 属性,用来指定插入到 JSP 页面的目标资源路径,一般使用相对路径。如果以“/”开头,则表示相对于当前 Web 应用程序的根目录(不是站点根目录)。下面设计一个用 include 指令插入网页首尾的实例,如例 7-7 所示。

【例 7-7】　用 include 指令插入网页首尾的实例,设计过程如下。

第1步,在当前项目的 WebRoot 目录中新建 n707header.jsp 头部文件,代码如下。

```
<!--头部信息-->
<header style='color:white;background-color:green;padding:1px'>
<h2 align='center'>鸥鹭诗汀百家网</h2>
</header>
```

第 2 步,在当前项目的 WebRoot 目录中新建 n707footer.jsp 尾部文件,代码如下。

```
<!--尾部信息-->
<footer style='color:white;background-color:green;padding:1px'>
<p>诗人简介:生于星江旁,常饮星江水;现居北江头,网游云中寺;夜半听钟声,鹭汀一居士……
</p>
</footer>
```

第 3 步,在当前项目的 WebRoot 目录中新建 n707includeTest.jsp 主体文件,代码如下。

```
<%@ page language="java" contentType="text/html; charset=UTF-8" %>
<!DOCTYPE html>
<html>
<head><title>n707includeTest.jsp</title></head>
<body>
<!--插入头部文件-->
<%@ include file="n707header.jsp" %>
<article style='color:red;text-align:center;margin:3px'>
<h3>夜游沙湖公园 [七绝·新韵] </h3>
<h5>文/鹭汀居士:</h5>
<p>
云水薰风月下汀,清涟灯火伴虫鸣。<br>
沙湖粉黛星光映,牵手韶园漫步行。<br>
2022-07-24<br>
</p>
</article>
<!--插入尾部文件-->
<%@ include file="n707footer.jsp" %>
</body>
</html>
```

第 4 步,测试以上代码。在浏览器中输入网址:

```
http://localhost/Web7JspTest/n707includeTest.jsp
```

JSP 页面运行结果如图 7-8 所示。

3. tablib 指令

该指令的功能是导入标签库,这部分内容将在第 9 章的 Java Server 标准标签库(Java Server Pages Standard Tag Library,JSTL)中介绍。

例如,引入标准标签库中的核心标签库的语句如下。

```
<%@ taglib uri="http://java.sun.com/jsp/jstl/core"
prefix="c"%>
```

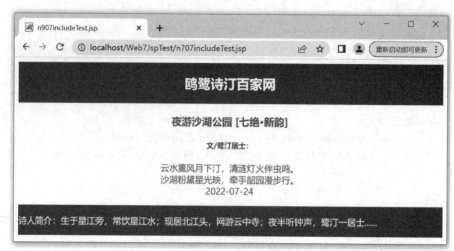

图 7-8   JSP 页面运行结果

其中,uri 指定该标签库的存放位置,prefix 指定该标签库的引用前缀。

7.3.2   JSP 动作标签

在前面介绍 JSP 的"预编译"特征时说过,JSP 代码在执行前必须先通过 JSP 引擎(容器)将 JSP 代码转换为 Servlet 代码,然后预编译为 class 字节码,通常把该阶段称为转换阶段,前面介绍的 JSP 指令标签是在该阶段完成,所以属于静态标签。而现在要介绍的 JSP 动作标签是在转换后的请求处理阶段完成,即 JSP 引擎调用 Java 虚拟机来解释执行 class 字节码文件时完成,所以它属于动态标签。下面介绍 JSP 包含的常用动作标签。

1. <jsp:include>标签

该标签的功能是:在请求处理阶段,将另一个页面的运行结果插入到当前页面的结果中,并且合并成一个 HTML 文档。被包含的文件可以是静态文本(如 HTML),也可以是动态代码(如 JSP),其语法格式有以下两种。

格式 1:**<jsp:include page="文件路径" flush="false|true"/>**
格式 2:**<jsp:include page="文件路径" flush="false|true">**
            子标签
        </jsp:include>

其中,page 指定的路径通常是被包含文件的相对路径,可选参数 flush 用于设置是否刷新缓冲区,默认值为 false。如果设为 true,则在执行被包含文件前,先将缓冲区中的内容送到浏览器显示。格式 2 的"子标签"通常是<jsp:param>标签,它为包含的页面提供参数信息。

<jsp:include>动作标签与 include 指令标签的不同之处是:前者属于动态包含,是运行结果的包含,包含页面与被包含页面相互独立;后者属于静态包含,即在转换阶段把被包含页面的源代码插入到包含页面的源代码中,二者合二为一,然后编译和运行。下面设计一个用<jsp:include>标签插入首尾页面的实例,如例 7-8 所示。

【**例 7-8**】 用＜jsp:include＞标签插入首尾页面的实例,设计过程如下。

第 1 步,修改例 7-7 的头部文件 n707header.jsp,插入延迟函数 Thread.sleep(),用于测试＜jsp:include＞的 flush 参数。

```
<!--头部信息,先休息 3s 再显示-->
<%Thread.sleep(3000);%>
<header style='color:white;background-color:green;padding:1px'>
<h2 align='center'>鸥鹭诗汀百家网</h2>
</header>
```

第 2 步,修改例 7-7 的尾部文件 n707footer.jsp,插入延迟函数 Thread.sleep(),用于测试＜jsp:include＞的 flush 参数。

```
<!--尾部信息,先休息 5s 再显示-->
<%Thread.sleep(5000);%>
<footer style='color:white;background-color:green;padding:1px'>
<p>诗人简介:生于星江旁,常饮星江水;现居北江头,网游云中寺;夜半听钟声,鹭汀一居士......
</p>
</footer>
```

第 3 步,创建文件 n708jspInclude.jsp 替代原来的 n707includeTest.jsp 主体文件,代码如下。

```
<%@ page language="java" contentType="text/html; charset=UTF-8" %>
<!DOCTYPE html">
<html>
<head><title>n708jspInclude.jsp</title></head>
<body>
<!--动态插入头部文件,缓冲区刷新属性为 false-->
<jsp:include page="n707header.jsp" flush="false" />
<article style='color:red;text-align:center;margin:3px'>
<h3>武江晨景 [七绝·平水韵] </h3>
<h5>文/鹭汀居士:</h5>
<p>
江阔山青晨雾朦,踏春翁妪去桥东。<br>
相携漫步扶藜杖,陶醉田园杨柳风。<br>
2023-04-06<br>
</p>
</article>
<!--动态插入尾部文件,缓冲区刷新属性为 true-->
<jsp:include page="n707footer.jsp" flush="true" />
</body>
</html>
```

第 4 步,测试以上代码。在浏览器中输入网址:

```
http://localhost/Web7JspTest/n708jspInclude.jsp
```

JSP 页面运行结果如图 7-9 所示。

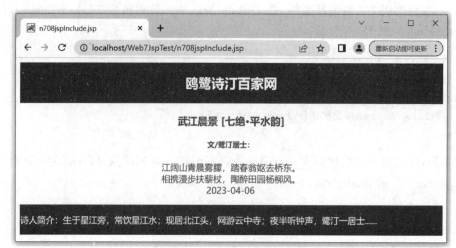

图 7-9   JSP 页面运行结果

以上结果的尾部信息会晚 5s 出现，因为它的＜jsp：include＞的 flush 参数为 true，即先刷新缓冲区中的头部信息和诗词信息，然后插入尾部代码的输出结果。

2.＜jsp：forward＞标签

该标签的功能是将客户端的请求从当前页面转发到另一个新的页面，目标页可以是静态文本（如 HTML）也可以是动态代码（如 JSP）。与＜jsp：include＞标签插入不同，该标签是转发，所以不会返回，即终止当前页面去执行目标页面，其语法格式有以下两种。

格式 1：**＜jsp：forward page="文件路径"/＞**

格式 2：**＜jsp：forward page="文件路径"＞**

**   子标签**

**   ＜/jsp：forward＞**

其中，page 指定的路径通常是目标文件的相对路径，"子标签"通常是＜jsp：param＞标签，它为目标页面提供参数信息。

例如，

```
<jsp:forward page="n706pageTest.jsp" />
```

3.＜jsp：param＞标签

该标签用于给其他标签提供参数信息，它通常作为＜jsp：include＞或＜jsp：forward＞标签的子标签，其语法格式如下。

＜jsp：param name="paramName" value="paramValue" /＞

其中，name 属性用于指定参数的名称，value 属性用于指定参数的值，参数可以是表达式。目标页面可以使用 request 对象的方法 getParameter("paramName")来获取 paramValue。下面设计一个标签＜jsp：forward＞和＜jsp：param＞的应用实例，如例 7-9 所示。

【例 7-9】   标签＜jsp：forward＞和＜jsp：param＞的应用实例，过程如下。

第 1 步，在项目的 WebRoot 目录中新建 n709jspforward.jsp 源页面，代码如下。

```
<%@ page language="java"  contentType="text/html; charset=UTF-8"%>
<!DOCTYPE html>
<html>
<head>
    <title>My JSP 'n709jspforward.jsp' starting page</title>
</head>
<body>
    <jsp:forward page="n709getArea.jsp">
        <jsp:param name="R" value="10"/>
    </jsp:forward>
</body>
</html>
```

第2步,在项目的 WebRoot 目录中新建求面积的 n709getArea.jsp 目标页,代码如下。

```
<%@ page language="java"  contentType="text/html; charset=UTF-8"%>
<!DOCTYPE html>
<html>
<head><title>n709getArea.jsp</title></head>
<body>
<%
double r=Float.parseFloat(request.getParameter("R"));  //获取参数值
%>
<p>半径为<%= r %>的圆面积是<%=Math.PI * r * r %></p>
</body>
</html>
```

第3步,测试以上代码。在浏览器中输入源页面的网址:

```
http://localhost/Web7JspTest/n709jspforward.jsp
```

JSP 页面运行结果如图 7-10 所示。

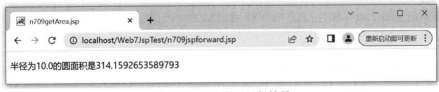

图 7-10　JSP 页面运行结果

4. <jsp:useBean>标签

在软件开发过程中,经常需要重复使用一些数据,Sun 公司提供了一种 JavaBean 技术来封装这些数据,通常把被封装的数据称为 Bean,它是一个 Java 类,Bean 的定义通常满足以下规范要求。

(1) 它是一个公共类。

(2) 它有一个公共的且无参的构造方法,通常是默认构造方法。

(3) 它包含的属性是私有的。

（4）外部程序通过它的 setter 和 getter 公共方法来访问其属性,这两类方法分别称为属性的设置器和获取器。

setter 和 getter 的命名格式分别是 setXxx() 和 getXxx(),其中,Xxx 是属性名,如 setName() 和 getName(),如果属性的类型为 boolean,则命名方式应该使用 is 开始,如 isMarried(),下面定义一个满足以上要求的 Person 类。

```java
public class Person {
    private String name;
    private boolean married;
    public void setName(String name) {
        this.name = name;
    }
    public String getName() {
        return name;
    }
    public void setMarried(boolean married) {
        this.married = married;
    }
    public boolean isMarried() {
        return married;
    }
}
```

在 JSP 页面中,可以用<jsp:useBean>标签为前面定义的 Bean 类创建一个实例,并指定它的 id 名、作用域和对应的 Bean 类,语法格式如下。

<jsp:useBean id="Bean 标识" scope="Bean 作用域" class | beanName ="包名.类名" type ="数据类型" />

其中,id 属性定义 Bean 对象的唯一标识;scope 属性定义的作用域有 page、request、session、application 4 种范围,默认为 page;class 或 beanName 属性指定 Bean 的完整类名,二者不能同时存在;type 属性指定 id 属性所定义的变量类型。

例如:

```
<jsp:useBean id="person1" scope="session" class="ch7.Person" />
```

5. <jsp:setProperty>标签

<jsp:useBean>标签创建 Bean 实例后,可以用<jsp:setProperty>标签给该实例的属性赋值,其功能同 Bean 中定义的 setXxx()方法一样,其语法格式如下。

<jsp:setProperty name = "Bean 标识" property="属性名" param="参数名" | { value="属性值" } />

其中,name 属性指定引用的 Bean 标识名,property 属性指定要赋值的 Bean 的属性名(可以用"＊"通配符),param 或 value 属性设置 Bean 中的属性值。

例如：

```
<jsp:setProperty name="person1" property="name" value="张三" />
```

6. <jsp:getProperty>标签

<jsp:useBean>标签创建 Bean 实例后，可以用<jsp:getProperty>标签获取该实例的属性值，其功能同 Bean 中定义的 getXxx()方法一样，其语法格式如下。

<jsp:getProperty name="Bean 标识" property="属性名"/>

其中，name 属性指定引用的 Bean 标识名，property 属性指定要获取值的 Bean 的属性名。

例如：

```
<jsp:getProperty name="person1" property="name"/>
```

下面设计 JavaBean 的应用实例，如例 7-10 所示。

【例 7-10】 JavaBean 的应用实例，设计过程如下。

第 1 步，创建 Bean 类。方法是在项目的 src 目录下创建 ch7 包，在 ch7 中创建 Java 类，代码如下。

```
package ch7;
public class N710book {
    private String name;                    //书名
    private String author;                  //作者
    private String press;                   //出版社
    public void    setName(String name){ this.name = name; }
    public String getName(){ return name; }
    public void    setAuthor(String author){ this.author = author; }
    public String getAuthor(){ return author; }
    public void    setPress(String press) { this.press = press; }
    public String getPress() { return press; }
}
```

第 2 步，创建 Bean 的访问类。方法是在项目的 WebRoot 目录中编写 N710JavaBean.jsp 文档，其代码如下。

```
<%@ page language="java" import="java.util.*" pageEncoding="UTF-8"%>
<!DOCTYPE html>
<html>
<head>
<title>My JSP 'n710JavaBean.jsp' starting page</title>
</head>
<body>
  <h3>JavaBean 测试实例 </h3>
  <%-- 给 ch7 包中的 N710book 类创建一个实例 book1  --%>
  <jsp:useBean id="book1" scope="session" class="ch7.N710book" />
  <%-- 为实例 book1 的属性赋值  --%>
  <jsp:setProperty name="book1" property="name" value="Python 程序设计教程" />
```

```
<jsp:setProperty name="book1" property="author" value="程细柱、程心怡" />
<jsp:setProperty name="book1" property="press" value="机械工业出版社" />
<%-- 获取并显示实例 book1 的属性值   --%>
书名:<jsp:getProperty name="book1" property="name"/>
,作者:<jsp:getProperty name="book1" property="author"/>
,出版社:<jsp:getProperty name="book1" property="press"/>
</body>
</html>
```

第 3 步,测试以上代码。在浏览器中输入网址:

```
http://localhost/Web7JspTest/n710JavaBean.jsp
```

JSP 页面运行结果如图 7-11 所示。

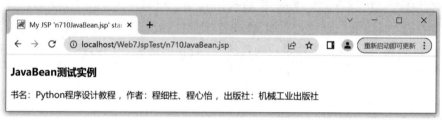

图 7-11　JSP 页面运行结果

7.4　本章小结

本章主要介绍了 JSP 的主要特征和构成要素,分析了指令标签 page 与 include 的功能和使用方法,介绍了动作标签与指令标签的差别,讲解了如何使用动作标签<jsp:include><jsp:forward>和<jsp:param>实现页面的包含与跳转,以及如何使用动作标签<jsp:useBean><jsp:setProperty>和<jsp:getProperty>来创建和访问 Bean 对象。

7.5　实验指导

1. 实验名称
JSP 技术的应用测试。

2. 实验目的
(1) 掌握如何使用 JSP 的脚本元素编程。

(2) 学会使用指令标签 page 和 include 编程。

(3) 动作标签<jsp:include><jsp:forward><jsp:param>的编程。

(4) 动作标签<jsp:useBean><jsp:setProperty><jsp:getProperty>的编程。

3. 实验内容
(1) 用 JSP 的脚本元素编写一个程序实例。

(2) 设计一个包含 page 或 include 的实例。

(3) 设计一个包含动作标签的程序实例。

7.6 课后练习

一、判断题

1. JSP 的全称是 Java Server Page。 （ ）

2. 在 JSP 文件中不允许 HTML 代码与 Java 代码共同存在。 （ ）

3. JSP 是建立在 Servlet 规范之上的动态网页开发技术。 （ ）

4. JSP 的模板元素是指 JSP 网页中嵌入的 Java 代码。 （ ）

5. JSP 标签定义了网页的基本框架,属于 JSP 页面中的静态内容。 （ ）

6. 脚本片段是指一条或多条可以执行的 Java 代码。 （ ）

7. JSP 的声明语句用于在 JSP 页面中定义变量和方法。 （ ）

8. 在 JSP 文档中只能包含自己定义的 JSP 注释,不能包含 HTML 注释。 （ ）

9. JSP 指令会产生很多输出内容到当前的输出流中。 （ ）

10. JSP 指令只是告诉 JSP 引擎如何处理 JSP 页面。 （ ）

11. JSP 动作标签属于静态标签,而 JSP 指令标签属于动态标签。 （ ）

12. <jsp:include>标签的功能是在页面被请求时将另一个文件的内容包含到当前的 JSP 页面内。 （ ）

13. page 指令定义了整个页面有效的属性。 （ ）

14. JSP 本质上是对 ASP 的扩展。 （ ）

15. include 指令用于执行静态文件包含。 （ ）

16. page 指令用于设置 JSP 页面的属性,但不能导入 Java 类库。 （ ）

17. JSP 第一次执行的速度要比第二次执行的速度慢。 （ ）

18. <jsp:getProperty>必须出现在其对应的<jsp:usebean>标签之后。 （ ）

19. 程序中的逻辑错误可以在编译时立即发现。 （ ）

20. JSP 和 Java 一样具有平台独立性。 （ ）

21. JSP 中的 JavaBean 是一个 Java 类,对该类没有什么约束规范。 （ ）

22. JavaBean 属性声明的关键字一般使用 private。 （ ）

23. <jsp:setProperty>可以使用表达式或字符串为 Bean 的属性赋值。 （ ）

24. JSP 引擎执行字节码文件的主要任务之一是直接将 HTML 内容发给客户端。 （ ）

25. JavaBean 的属性可读写,编写时 set 方法和 get 方法必须配对。 （ ）

26. 布置 JavaBean 须在 Web 服务目录的 WEB-INF\classes 子目录下建立与包名对应的子目录,并将字节文件复制到该目录。 （ ）

27. 可以将 JavaBean 组件移植、重用、组装到整个项目中。 （ ）

二、名词解释

1. JSP 表达式　　　　　　　　　　2. 脚本片段

3. 业务代码分离　　　　　　　　　 4. JavaBean

5. 预编译　　　　　　　　　　　　 6. 组件重用

三、单选题

1. page 指令的作用是(　　　)。

　　A. 用来定义整个 JSP 页面的一些属性和属性值

　　B. 用来在 JSP 页面内某处嵌入一个文件

　　C. 使该 JSP 页面动态包含一个文件

　　D. 定义将请求转发到其他 JSP 页面

2. Page 指令用于定义 JSP 页面的全局属性,下列选项中描述不正确的是(　　　)。

　　A. <%@ page %>作用于整个 JSP 页面

　　B. <%@ page %>指令中的属性只能出现一次

　　C. page 指令的属性名是区分大小写的

　　D. 为增强程序可读性,建议将<%@ page %>指令放在 JSP 文件的开头,但不是必须的

3. JSP 中,page 指令的 import 属性的作用是(　　　)。

　　A. 定义 JSP 页面响应的 MIME 类型

　　B. 定义 JSP 页面使用的脚本语言

　　C. 定义 JSP 页面字符的编码

　　D. 为 JSP 页面引入 Java 包中的类

4. 已知 page1.jsp 的代码如下。

```
<%@ page contentType="text/html;charset=UTF-8"%>
page1 的结果<br>
<jsp:include page="page2.jsp" flush="true" />
```

以及 page2.jsp 的代码如下。

```
<%@ page contentType="text/html;charset=UTF-8"%>
<%Thread.sleep(5000);%>
page2 的结果<br>
```

在浏览器中运行 page1.jsp,输出结果描述正确的是(　　　)。

　　A. 同时输出两个页面的内容

　　B. 等待 5s 后同时输出两个页面的内容

　　C. 先输出 page1 的结果,等待 5s,再输出 page2 的结果

　　D. 先输出 page2 的结果,等待 5s,再输出 page1 的结果

5. 以下哪个可以在 JSP 页面出现该指令的位置处静态插入一个文件?(　　　)

　　A. page 指令标签　　　　　　　　　　　B. page 指令的 import 属性

　　C. include 指令标签　　　　　　　　　　D. include 动作标签

6. <jsp：forward>动作标签的 page 属性的作用是(　　　)。

　　A. 定义 JSP 文件名　　　　　　　　　　B. 定义 JSP 文件的传入参数

　　C. 定义 JSP 文件的文件头信息　　　　　D. 定义 JSP 文件的相对地址

7. 在 JSP 中要定义一个函数,需要用到以下哪个元素?(　　　)

　　A. <%! %>　　　　B. <%= %>　　　　C. <% %>　　　　D. <%@ %>

8. 对于预定义<%！预定义%>的说法错误的是(　　)。

    A. 一次可声明多个变量和方法,只要以";"结尾就行

    B. 一个声明仅在一个页面中有效

    C. 声明的变量将作为局部变量

    D. 在预定义中声明的变量将在 JSP 页面初始化时初始化

9. JSP 文件 test.jsp 中有如下一行代码:

```
<jsp:useBean id="user"
  scope="_____"  type="com.UserBean"/>
```

要使 user 对象中一直存在于对话中,直至其终止或被删除为止,下画线中应填入(　　)。

    A. page   B. request   C. session   D. Application

10. 当 useBean 标签中的 scope 属性取值 page 时,该 Beans 的有效范围是(　　)。

    A. 当前客户   B. 当前页面   C. 当前服务器   D. 所有客户

11. 用于声明当前页为异常处理页面,以下哪个选择正确? (　　)

    A. <%@ page errorPage="true" %>

    B. <%@ page info="error" %>

    C. <%@ page pageEndcoding="error" %>

    D. <%@ page isErrorPage="true" %>

12. JSP 文件中的表达式<%=7+8%>将输出(　　)。

    A. 7+8   B. 78   C. 56   D. 输出异常信息

13. 下面哪一个不是 JSP 本身已加载的基本类? (　　)

    A. java.lang. *   B. java.io. *

    C. javax.servlet. *   D. javax.servlet.jsp. *

14. 阅读下面代码片段:

```
<c:out value="username1" default="unknown" />
<c:out value="username2">
     unknown
</c:out>
```

当使用浏览器访问以上代码时会显示什么结果? (　　)

    A. unknown username2   B. username1 username2

    C. null null   D. username1 unknown

15. 下面关于动态包含的语法格式,书写正确的是(　　)。

    A. <jsp:forward file="relativeURL" />

    B. <jsp:forward path="relativeURL" />

    C. <jsp:forward page="relativeURL" />

    D. <%@include file="relativeURL" />

16. 下面是 Servlet 调用的一种典型代码:

```
<%@ page contentType="text/html;charset=GB2312" %>
<%@ page import="java.sql. * " %>
```

```
<html>
<body bgcolor=cyan>
<jsp:forward page="n906pageTest.jsp"/>
</body>
</html>
```

该调用属于下述哪种？（　　）

    A. URL 直接调用　　　　　　　　　　B. 超级链接调用

    C. 表单提交调用　　　　　　　　　　D. jsp：forward 调用

17. 以下 JSP 文件运行时，将发生（　　）。

```
<html>
    <% String str = null; %>
    str is <%= str%>
</html>
```

    A. 转换为 Java 代码的过程中有误

    B. 编译 Servlet 源码时发生错误

    C. 执行编译后的 Servlet 时发生错误

    D. 运行后，浏览器上显示 str is null

18. 下面哪一项对 Servlet、JSP 的描述错误？（　　）

    A. HTML、Java 和其他脚本语言混合在一起的程序可读性较差，维护起来较困难

    B. JSP 技术是在 Servlet 之后产生的，它以 Servlet 为核心技术，是 Servlet 技术的
       一个成功应用

    C. 当 JSP 页面被请求时，JSP 页面会被 JSP 引擎翻译成 Servelt 字节码执行

    D. 一般用 JSP 来处理业务逻辑，用 Servlet 来实现页面显示

19. 关于 JavaBean，下列的叙述哪　项是不正确的？（　　）

    A. JavaBean 的类必须是具体的和公共的，并且具有无参数的构造器

    B. JavaBean 的类属性是私有的，要通过公共方法进行访问

    C. JavaBean 和 Servlet 一样，使用之前必须在项目的 web.xml 中注册

    D. JavaBean 属性和表单控件名称能很好地耦合，得到表单提交的参数

四、填空题

1. JSP 具有跨平台、_____、_____和组件重用等特征。

2. JSP 页面主要包含模板元素、_____和_____等内容。

3. JSP 引擎负责处理网页中的_____，并把处理结果以_____格式发送到客户端
浏览器。

4. JSP 脚本元素主要包含_____、_____和_____等，它们之间可以插入 JSP
注释。

5. JSP 标签主要包括_____和_____两种。

6. JSP 指令名称包含_____、_____和 taglib 三种。

7. 动作标签_____的功能是将客户端的请求从当前页面转发到另一个页面。

8. 动作标签_____用于给其他标签提供参数信息。

9. 动作标签 ＜jsp：useBean＞用来在 JSP 页面中创建一个＿＿＿＿实例,并指定它的 id 名、＿＿＿＿和对应的＿＿＿＿类。

10. JavaBean 实例的属性可以通过＿＿＿＿标签进行赋值,通过＿＿＿＿标签来获取。

11. JSP 指令主要包括＿＿＿＿指令、taglib 指令和＿＿＿＿指令。

12. 编写 JavaBean 时,通常满足以下 4 点：①Bean 必须是＿＿＿＿类；②Bean 必须有一个公有的＿＿＿＿；③它包含的属性是＿＿＿＿；④一般具有属性的＿＿＿＿和获取器。

13. 在 JavaBean 中,如果一个属性只有 setter 方法,则该属性为＿＿＿＿属性。

14. page 指令的 buffer 属性指定缓存的大小,取值为 none 或指定大小的数据,但要使它有效,还需要设置＿＿＿＿的值为 true。

15. ＜jsp：forward page＝"Test.jsp"/＞ 的作用是＿＿＿＿。

五、简答题

1. 简述 JSP 的几种注释方式。

2. 简述 include 指令与＜jsp：include＞动作标签的区别。

3. JSP 常用动作标签有哪些？简述其作用。

4. 简述 JavaBean 规范都有哪些(至少写出 3 点)。

5. 简述 JSP 的运行原理。

六、程序填空题

1. 以下代码的功能是显示一首诗词,请用＜％@ include％＞标签将网页的头部文件 n9header.jsp 和尾部文件 n9footer.jsp 插入下画线的位置。

```
<%@ page language="java" contentType="Lext/html;
    charset=UTF-8" %>
<!DOCTYPE html>
<html>
<head><title>n9includeTest.jsp</title></head>
<body>
<!--插入头部文件-->
<%@____①____ %>
<article style='color:red;text-align:center;margin:3px'>
    <h3>婺源元宵夜 [五绝·通韵] </h3>
    <h5>文/鹭汀居士:</h5><p>
    锣鼓震苍穹,人间现火龙。<br>
    盘旋翻跃舞,喜庆暖天宫。<br>
    2023 年 2 月 5 号<br></p>
</article>
<!--插入尾部文件-->
<%@____②____ %>
</body>
</html>
```

2. 以下代码的功能是将客户的请求从当前页面转发到 n9includeTest.jsp 页,请用标签 ＜jsp：forward＞将相关代码填写到下画线的位置。

```
<%@ page language="java"  contentType="text/html;
     charset=UTF-8" %>
<!DOCTYPE html>
<html>
  <head><title>n9jspforward.jsp</title></head>
  <body>
    <!--将请求转发到 n9includeTest.jsp 页-->
    <jsp:_____①_____/>
  </body>
</html>
```

3. 以下 JSP 代码的功能是页面每 2s 以蓝色、楷体、3 号字体居中显示"Java Web 程序设计"三次，请在程序下画线的位置填入相关代码。

```
<%@ page language="java" pageEncoding="UTF-8"%>
<html>
<head><title>out 的 flush()方法测试</title></head>
<body>
   <center><font face="楷体" size=3 color=blue>
   <%
   String str1 = "JavaWeb 程序设计";
   for(int i = 0; i < 3; i++) {
      out.println(str1 + "<BR>");
      Thread._____①_____;                    //睡眠 2s
      out._____②_____;                        //输出 out 缓冲区中的内容
   }
   %>
   </font></center>
</body>
</html>
```

七、程序分析题

1. 分析下列程序并写出程序的功能。

```
<html>
<head>
<title>n09expressionScript.jsp</title>
<meta name="content-type" pageEncoding="UTF-8">
<meta http-equiv="refresh" content="1">
</head>
<body>
    <p>当前时间是:<%= new java.util.Date().toLocaleString() %></p>
</body>
</html>
```

2. 分析下列程序并写出程序的运行结果。

```
<%@ page language="java" import="java.util.*" pageEncoding="UTF-8"%>
```

```
<html>
<head><title>n09pageTest.jsp</title></head>
<body>
    page 指令标签测试: <br>
    <%
    Map<String,Float> cj = new HashMap<String,Float>();
    cj.put("张三", new Float(88));
    cj.put("李四", new Float(92));
    out.print("<br>张三的成绩是:" + cj.get("张三"));
    out.print("<br>李四的成绩是:" + cj.get("李四"));
    out.print("<br>映射 cj 内容:" + cj);
    out.print("<br>映射 cj 的键:" + cj.keySet());
    out.print("<br>映射 cj 的值:" + cj.values());
    out.print("<br>映射 cj 的个数:" + cj.size());
    %>
</body>
</html>
```

3. 分析下列程序并写出程序的功能。

```
<%@ page language="java" import="java.util. * " pageEncoding="UTF-8"%>
<!DOCTYPE HTML>
<html>
<head><title>n09JavaBeanTest.jsp</title></head>
<body>
    <h3>JavaBean 测试实例 </h3>
    <jsp:useBean id="person1" scope="session"
        class="ch9.Person" />
    <jsp:setProperty name="person1" property="name"
        value="张三" />
    name:<jsp:getProperty name="person1" property="name"/>
</body>
</html>
```

八、程序设计题

1. 编写一个计算 10! 的 JSP 程序。

2. 在 JSP 中声明一个 countNumber() 函数,网页通过它来统计该网页被访问的次数。

3. 编写 JSP 页面接受客户端提交的姓名 name 和电话号码 phone,然后显示出来。

第8章
JSP内置对象与作用域

视频讲解

📖 **本章学习目标：**
- 能正确描述 JSP 的 9 个内置对象的功能与特点。
- 能熟练应用 JSP 的 9 个内置对象编程。
- 能正确说明 JSP 的 4 大作用域的访问范围。
- 能熟练应用 JSP 的 4 大作用域编程。

📖 **主要知识点：**
- JSP 的 9 个内置对象。
- JSP 的 4 大作用域。

📖 **思想引领：**
- 介绍 JSP 常见内置对象的作用和 JSP 4 大作用域的重要性。
- 引导学生的时代责任意识和家国情怀。

8.1 JSP 内置对象概述

在 Web 程序设计过程中，发现有些对象需要频繁使用，如果每次都重新创建它们比较麻烦。为了简化 Web 应用程序的开发，JSP 2.0 规范中定义了 9 个常用的内置对象，它们对应 Servlet API 接口中相关类的实例，由 JSP 默认创建和初始化，可以直接在 JSP 页面中使用，所以又称为隐式对象。JSP 的内置对象如表 8-1 所示。

表 8-1 JSP 的内置对象

对象名	功 能 描 述
out	页面输出流对象，用于向客户端输出文本数据。它对应于 javax.servlet.jsp 包中的 JspWriter 类的实例
request	请求对象，它封装了用户对服务器的一次请求，客户端的请求参数都封装在该对象中。它对应于 javax.servlet.http 包中的 HttpServletRequest 类的实例
response	响应对象，它封装了服务器对客户端的一次响应，对应于 javax.servlet.http 包中的 HttpServletResponse 类的实例
session	会话对象，它封装了一次会话，对应于 javax.servlet.http 包中的 HttpSession 类的实例
application	Web 应用上下文对象，也称为全局域对象，它是对当前 Web 应用程序相关信息的封装，用于获得 Web 应用的全局信息。例如，初始化参数、Web 资源的绝对路径、Servlet 引擎的版本等。它对应 javax.servlet 包中的 ServletContext 类的实例

对象名	功 能 描 述
pageContext	页面上下文对象,它封装了 JSP 页面的运行信息,通过该对象方法可以获得其他 8 个 JSP 内置对象。它对应于 javax.servlet.jsp 包中的 PageContext 类的实例
page	页面对象,该对象代表当前 JSP 页面所对应 Servlet 类的对象实例,对应于 java.lang 包中的 Object 类的实例
config	配置对象,它用于获得 web.xml 配置文件中与当前 JSP 页面相关的配置信息,对应于 javax.servlet 包中的 ServletConfig 类的实例
exception	异常对象,它用于获得异常的相关信息,只有 page 指令的 isErrorPage 属性值为 true 时,才会创建该对象。它对应于 java.lang 包中的 Throwable 类的实例

下面详细介绍它们的特点和使用方法。

8.2 JSP 的常见内置对象

下面分别介绍表 8-1 中列举的 out、request、response、session、application、pageContext、page、config 和 exception 这 9 个内置对象。

8.2.1 out 对象

该对象用来向客户端输出文本内容,称为页面输出流对象。它是 javax.servlet.jsp 包中的 JspWriter 类的实例,其功能与 response 对象通过 getWriter()方法返回的 PrintWriter 对象相似,但 out 对象的输出是先送到自己的 JSP 缓冲区,然后送到 Servlet 缓冲区输出,而 PrintWriter 对象直接送到 Servlet 缓冲区输出。如果用 page 指令将 JSP 的 buffer 大小改为"0kb",则输出效果一样,否则 out 对象会晚一点输出。out 对象的输出流程如图 8-1 所示。

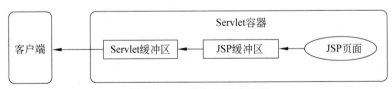

图 8-1 out 对象的输出流程

out 对象有如下常用方法。

(1) print("文本")方法:向客户端输出文本内容。例如:

```
out.print("您好,张三!");
```

(2) println("文本")方法:向客户端输出文本内容和换行符,但浏览器通常会忽略该换行符。例如:

```
out.println("欢迎使用 JSP。"+"<br>");
```

(3) getBufferSize()方法:获取 JSP 缓冲区的大小。例如:

```
int n1=out.getBufferSize();
```

（4）getRemaining()方法：用于获取 JSP 的剩余缓冲区的大小。例如：

```
int n2=out.getRemaining();
```

（5）clearBuffer()方法：用于清除 JSP 缓冲区中的内容。例如：

```
out.clearBuffer();
```

（6）flush()方法：用于输出 JSP 缓冲区中的内容。例如：

```
out.flush();
```

下面设计一个 out 对象的 JSP 缓冲区测试实例，如例 8-1 所示。

【例 8-1】 out 对象的 JSP 缓冲区测试实例，设计过程如下。

第 1 步，在 MyEclipse 平台新建 Web8JspTest 项目，然后在该项目的 WebRoot 目录中新建 n801outTest.jsp 文件，代码如下。

```
<%@ page language="java" contentType="text/html; charset=UTF-8" buffer="8kb"
%>
<!DOCTYPE html>
<html>
<head><title>n801outTest.jsp</title></head>
<body>
<h3>山村小住 [五绝·平水韵] </h3>
<h5>文/鹭汀居士: </h5>
<%
    out.print("石碧水轻流,山空景静幽。<br>");
    out.print("起床花已落,户外鸟鸣秋。<br>");
    out.print("2022-10-23<br><br>");
    int bSize=out.getBufferSize();
    int rSize=out.getRemaining();
    int useSize=bSize-rSize;
    response.getWriter().print("缓冲区大小为:"+bSize+"<br>");
    response.getWriter().print("剩余缓冲区为:"+rSize+"<br>");
    response.getWriter().print("已使用缓冲区:"+useSize+"<br>");
%>
</body>
</html>
```

第 2 步，测试以上代码。在浏览器中输入网址：

```
http://localhost/Web8JspTest/n801outTest.jsp
```

JSP 页面运行结果如图 8-2 所示。

第 3 步，修改以上代码中的 page 指令的 buffer 大小为"0kb"，则 JSP 页面运行结果如图 8-3 所示。

从以上运行结果可以看出，当 JSP 缓冲区的大小为 0 时，out 对象与 PrintWriter 对象输出效果一样；否则，out 对象会比 PrintWriter 对象晚一点输出。

图 8-2　JSP 页面运行结果

图 8-3　JSP 页面运行结果

8.2.2　request 对象

该对象称为请求对象,用于封装客户端对服务器的一次请求,客户端的请求参数都封装在该对象中。它是前面章节介绍的 HttpServletRequest 类的实例,具有第 4 章中的表 4-1～表 4-3 中的相关方法,能获取客户请求行与请求头信息,具有获取请求参数以及字符编码处理等功能。request 对象的生命周期是在客户发起请求时创建,在请求处理完毕时销毁。下面设计一个获取请求信息的程序实例,如例 8-2 所示。

【例 8-2】　获取请求信息的程序实例。

第 1 步,在 Web8JspTest 项目的 WebRoot 目录中新建 n802RequestLineHeader.jsp 文件,代码如下。

```
<%@ page language="java" import="java.util.*" pageEncoding="UTF-8"%>
<!DOCTYPE html>
<html>
<head><title>n802RequestLineHeader.jsp</title></head>
<body>
    获取请求行的相关信息:
    <br>getMethod:<%= request.getMethod() %>
```

```
<br>getProtocol:<%= request.getProtocol() %>
<br>getScheme:<%= request.getScheme() %>
<br>getServerName:<%= request.getServerName() %>
<br>getServerPort:<%= request.getServerPort() %>
<br>getLocalName:<%= request.getLocalName() %>
<br>getLocalAddr:<%= request.getLocalAddr() %>
<br>getLocalPort:<%= request.getLocalPort() %>
<br>getRemoteHost:<%= request.getRemoteHost() %>
<br>getRemoteAddr:<%= request.getRemoteAddr() %>
<br>getRemotePort:<%= request.getRemotePort() %>
<br>getRequestURL:<%= request.getRequestURL() %>
<br>getRequestURI:<%= request.getRequestURI() %>
<br>getContextPath:<%= request.getContextPath() %>
<br>getServletPath:<%= request.getServletPath() %>
<br>getQueryString:<%= request.getQueryString() %>
<br>getPathInfo:<%= request.getPathInfo() %>
<br>
<br>获取请求消息中所有头字段:<br>
<%
Enumeration headerNames = request.getHeaderNames();
while (headerNames.hasMoreElements()) {
    String headerName = (String) headerNames.nextElement();
    out.print(headerName +"字段:"+
        request.getHeader(headerName)+"<br>");
}
%>
</body>
</html>
```

第 2 步,测试以上代码。在浏览器中输入网址:

```
http://localhost/Web8JspTest/n802RequestLineHeader.jsp?Pi=3.14
```

JSP 页面运行结果如图 8-4 所示。

下面设计获取用户表单提交的诗词信息的程序实例,如例 8-3 所示。

【例 8-3】 获取用户表单提交的诗词信息的程序实例。

第 1 步,在 Web8JspTest 项目的 WebRoot 目录中新建表单输入页面,代码如下。

```
<%@ page language="java" contentType="text/html; charset=UTF-8" %>
<!DOCTYPE HTML>
<html>
<head><title>n803form.jsp</title></head>
<body>
<form action="n803RequestParams.jsp"  method="POST">
  <table border="0">
  <tr>
    <td colspan="2">
```

图 8-4　JSP 页面运行结果

```
<h3 align="center">诗词提交窗口</h3>
 </td>
</tr>
<tr>
 <td align="right">诗词标题:</td>
 <td><input type="text" name="scTitle" size="40" autofocus></td>
</tr>
<tr>
 <td align="right">诗词种类:</td>
 <td>
 <select name="scType">
    <option value="古诗" selected>古诗</option>
    <option value="古词">古词</option>
 </select>
 </td>
</tr>
<tr>
 <td align="right">诗词内容:</td>
 <td>
   <textarea name="content" rows="6" cols="40"> </textarea>
 </td>
</tr>
<tr>
 <td align="right">作者:</td>
 <td><input type="text" name="author" size="20"></td>
```

```
    </tr>
    <tr>
      <td align="right">发表日期:</td>
      <td><input type="date" name="scDate" size="20"></td>
    </tr>
    <tr>
      <td align="right"><input type="submit" value="提交"></td>
      <td align="left"><input type="reset"  value="重置"></td>
    </tr>
    </table>
</form>
</body>
</html>
```

第 2 步,在 Web8JspTest 项目的 WebRoot 目录中新建表单处理文件,代码如下。

```
<%@ page language="java" import="java.util.*" pageEncoding="UTF-8"%>
<!DOCTYPE HTML>
<html>
<head><title>n803RequestParams.jsp</title></head>
<body>
<%
    request.setCharacterEncoding("utf-8");
    String scTitle = request.getParameter("scTitle");
    String scType = request.getParameter("scType");
    String content = request.getParameter("content");
    String author = request.getParameter("author");
    String scDate = request.getParameter("scDate");
    out.print("用户提交的诗词信息如下:");
    out.print("<br>诗词标题:" + scTitle);
    out.print("<br>诗词种类:" + scType);
    out.print("<br>诗词内容:" + content);
    out.print("<br>作者:" + author);
    out.print("<br>发表日期:" + scDate);
%>
</body>
</body>
</html>
```

第 3 步,测试以上代码。在浏览器中输入网址:

http://localhost/Web8JspTest/n803form.jsp

JSP 页面运行结果如图 8-5 所示。

8.2.3　response 对象

该对象称为响应对象,它封装了服务器对客户端的一次响应,将服务器端的响应数据发

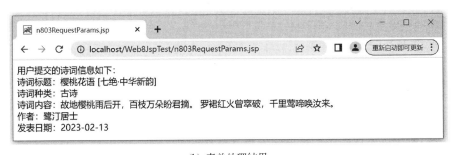

(a) 诗词输入表单

(b) 表单处理结果

图 8-5　JSP 页面运行结果

送到客户端，是第 4 章介绍的 HttpServletResponse 类的实例，所以具有表 4-4 和表 4-5 中的相关方法，能操作 HTTP 响应状态行和 HTTP 响应头字段，以及实现页面重定向。例如下面的代码。

```
response.setCharacterEncoding("utf-8");              //设置字符编码
response.setContentType("text/html");                //设置文档类型
response.setHeader("Refresh", "5");                  //5s 刷新网页一次
response.setHeader("Refresh", "5;URL= n803form.jsp" ); //5s 后自动跳转
response.sendRedirect("http://www.baidu.com");       //请求重定向到百度网站
```

response 对象的生命周期由 JSP 容器自动控制，当服务器向浏览器传送响应数据时，JSP 容器会创建 response 对象并将响应信息封装到该对象中；当响应数据传输完后，JSP 容器销毁 response 对象。

下面设计一个 setHeader()方法的应用实例，如例 8-4 所示。其功能是设置 Refresh 头字段每 2s 刷新诗词网页一次，并显示当前时间。

当然，在＜head＞中添加＜meta http-equiv＝"refresh" content＝"2"＞标签也可以实现该功能，如第 7 章的例 7-3 所示。

【例 8-4】　setHeader()方法的应用实例，设计过程如下。

第 1 步，在 Web8JspTest 项目的 WebRoot 目录中新建 n804ResponseHeader.jsp 文件，

代码如下。

```
<%@ page language="java" import="java.util.Date" contentType="text/html;
charset=UTF-8"%>
<!DOCTYPE html>
<html>
<head><title>n804ResponseHeader.jsp</title></head>
<body>
<h3>归自谣·荷塘鸥鹭 [欧阳修体·词林正韵] </h3>
<h5>文/鹭汀居士: </h5>
<%
    out.print("因避暑,周末携妻郊外聚。<br>");
    out.print("清晨日出云和雾。<br>");
    out.print("转角碧水荷塘处。<br>");
    out.print("逢鸥鹭。修长窈窕凌波步。<br>");
    out.print("<br>诗词发表日期:2022-10-30<br>");
    response.setHeader("Refresh","2");               //2s刷新一次
    Date dd = new Date();
    out.print("用户访问时间:"+dd.toLocaleString());
%>
</body>
</html>
```

第2步,测试以上代码。在浏览器中输入网址:

```
http://localhost/Web8JspTest/n804ResponseHeader.jsp
```

JSP 页面运行结果如图 8-6 所示。

图 8-6　JSP 页面运行结果

8.2.4　session 对象

该对象是 HttpSession 类的实例,称为会话对象,用来封装一次会话过程中需要保存的用户信息,以便跟踪每个用户的操作状态。所以它属于用户级的对象,一个用户对应一个 session 对象,同一个 Web 应用中的每个用户的 session 对象都不相同。

　　该对象的生命周期是：当用户首次访问 JSP 页面时，JSP 引擎为该用户创建一个 session 对象，直到会话结束或超时才被销毁。下面设计一个用 session 对象保存用户名的实例，如例 8-5 所示。

【例 8-5】　用 session 对象保存用户名的实例，设计过程如下。

第 1 步，在当前项目的 WebRoot 目录中创建网站主页 n805index.jsp，代码如下。

```
<%@ page language="java" import="java.util.*" pageEncoding="UTF-8"%>
<!DOCTYPE HTML>
<html>
<head><title>n805index.jsp</title></head>
<body>
<%
  String username = (String)session.getAttribute("username");
  if(username != null){
    out.print("欢迎用户" + username + "光临,单击右边链接可访问-->");
    out.print("<a href='https://baijiahao.baidu.com/u?
app_id=1673046887289801'>诗词网站</a>");
  }else{
    out.print("您还没有登入,请先 -->");
    out.print("<a href='n805Login.jsp'>登入</a>");
  }
%>
</body>
</html>
```

第 2 步，在当前项目的 WebRoot 目录中创建表单输入页 n805Login.jsp，代码如下。

```
<%@ page language="java" contentType="text/html; charset=UTF-8" %>
<!DOCTYPE html>
<html>
<head><title>n805Login.jsp</title></head>
<body>
    <form name="reg" action="n805session.jsp" method="post">
    <h3>用户登入窗口</h3>
    用户名: <input name="myName" type="text" /><br>
    密     码:<input name="myPsw"
type="password" /><br>
    <input type="submit" value="提交" />
    <input type="reset"  value="重置">
    </form>
</body>
</html>
```

第 3 步，在当前项目的 WebRoot 目录中创建表单处理页 n805session.jsp，代码如下。

```
<%@ page language="java" import="java.util.*" pageEncoding="UTF-8"%>
<!DOCTYPE HTML>
```

```
<html>
<head><title>n805session.jsp</title></head>
<body>
<%
    request.setCharacterEncoding("utf-8");
    String username = request.getParameter("myName");
    String password = request.getParameter("myPsw");
    if ("jsj".equals(username) && "123".equals(password)) {
        session.setAttribute("username", username);        //存用户名
        response.sendRedirect("n805index.jsp");            //重定向
    }else {
        out.print("<script>");
        out.print("alert('用户名或密码错!');");
        //转 n805Login.jsp 登入页
        out.print("window.location.href = 'n805Login.jsp'");
        out.print("</script>");
    }
%>
</body>
</html>
```

第 4 步,测试以上代码。在浏览器中输入主页网址:

```
http://localhost/Web8JspTest/n805index.jsp
```

程序运行结果如图 8-7 所示。

用户单击"诗词网站"链接,会访问相关网站。如果用户访问了其他页面,重新访问 n805index.jsp 主页,还是图 8.7(d)的登录状态,不需要用户重新登录。

8.2.5 application 对象

该对象用于对当前整个 Web 应用信息的封装,称为 Web 上下文对象,也称为全局域对象,用于获得 Web 应用的全局信息,如初始化参数、Web 资源的绝对路径、Servlet 引擎的版本号等,它对应于 javax.servlet 包中的 ServletContext 类的实例。与 session 对象不同,application 对象是应用程序级的对象,一个 Web 应用程序对应一个 application 对象,同一个 Web 应用中的多个用户共享一个 application 对象。

application 对象的生命周期是:当服务器启动时就创建一个,直到服务器关闭时才删除它。该对象有以下常用方法。

(1) void setAttribute(String name,Object object):设置指定属性的属性值。

(2) Enumeration getAttributeNames():获取所有属性的名称。

(3) String getAttribute(String name):根据属性名称获取属性值。

(4) void removeAttribute(String name):根据属性名称删除对应的属性。

(5) String getServletContextName():获取当前 Web 应用程序的名称。

(6) String getContextPath():获取当前 Web 应用程序的根目录。

(7) ServletContext getContext(String uri):获取指定 URL 的上下文对象。

(a) 第1次访问n805index.jsp主页的结果

(b) 单击"登入"的结果

(c) 用户名或密码输入错误的结果

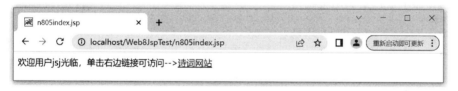

(d) 用户名或密码输入正确的结果

图 8-7　程序运行结果

（8）String getInitParameter(String name)：获取指定初始参数的参数值。

（9）String getMimeType(String file)：获取指定文件的 MIME 类型。

（10）String getServletInfo()：获取当前 Web 服务器的版本信息。

（11）int getMajorVersion()：获取 Servlet API 的主版本号。

（12）int getMinorVersion()：获取 Servlet API 的次版本号。

（13）void log(String message)：将信息写入日志文件中。

下面用 application 对象设计一个诗词网页访问次数统计的程序实例，如例 8-6 所示。

【例 8-6】　诗词网页访问次数统计的程序实例。

```
<%@ page language="java" contentType="text/html; charset=UTF-8" %>
<!DOCTYPE html>
<html>
```

```
<head><title>n806Counter.jsp</title></head>
<body>
<h3>喜迁莺·鹭汀居士 [韦庄体·词林正韵]</h3>
<h5>文/鹭汀居士：</h5>
<%
    out.print("心素简,味清欢。平静享流年。<br>");
    out.print("晴观云起雨听泉。陶醉在深山。<br>");
    out.print("思悦禅,心明镜。淡泊身如莲净。<br>");
    out.print("汀旁静伴鹭和花。闲澹在滨涯。<br>");
    out.print("2023-03-28<br><br>");
    //获取 Counter 属性的值
    Integer num=(Integer)application.getAttribute("Counter");
    if(num==null){
        num=1;
    }
    else{
        num++;
    }
    //设置 Counter 属性的值
    application.setAttribute("Counter",num);
    out.print("您是第"+application.getAttribute("Counter")+"位访客！");
%>
</body>
</html>
```

在浏览器中输入主页网址：

```
http://localhost/Web8JspTest/n806Counter.jsp
```

程序运行结果如图 8-8 所示。

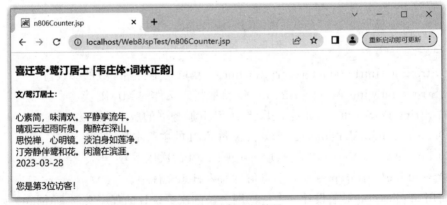

图 8-8　程序运行结果

8.2.6　pageContext 对象

该对象封装了 JSP 页面的运行信息，代表当前 JSP 页面的运行环境，称为页面上下文对象,它是 javax.servlet.jsp 包中的 PageContext 接口的实例,具有以下三方面的功能。

1. 获得其他 8 个内置对象

通过 pageContext 对象的方法,可以获得 JSP 的其他 8 个内置对象。

(1) out 对象,用 JspWriter getOut()方法获取。

(2) request 对象,用 ServletRequest getRequest()方法获取。

(3) response 对象,用 ServletResponse getResponse()方法获取。

(4) session 对象,用 HttpSession getSession()方法获取。

(5) application 对象,用 ServletContext getServletContext()方法获取。

(6) page 对象,用 Object getPage()方法获取。

(7) config 对象,用 ServletConfig getServletConfig()方法获取。

(8) exception 对象,用 Exception getException()方法获取。

2. 操作指定范围内的属性

pageContext 可以设置、获取和删除不同范围的属性值,方法如下。

(1) void setAttribute(String name,Object value):设置 page 范围内的 name 属性的值。

(2) void setAttribute(String name,Object value,int scope):设置指定范围内的 name 属性的值。

(3) Object getAttribute(String name):获取 page 范围内的 name 属性的值。

(4) Object getAttribute(String name,int scope):获取指定范围内的 name 属性的值。

(5) void removeAttribute(String name):删除 page 范围内的 name 属性。

(6) void removeAttribute(String name,int scope):删除指定范围内的 name 属性。

(7) Object findAttribute(String name):按照 page、request、session 和 application 的顺序搜索名为 name 的属性,返回其属性值或 null。

上述方法中的参数 scope 可以取以下 4 种值。

(1) PageContext.PAGE_SCOPE:对应于 page 范围。

(2) PageContext.REQUEST_SCOPE:对应于 request 范围。

(3) PageContext.SESSION_SCOPE:对应于 session 范围。

(4) PageContext.APPLICATION_SCOPE:对应于 application 范围。

接下来设计一个 pageContext 对象应用实例,如例 8-7 所示。

【例 8-7】 pageContext 对象应用实例。

```
<%@ page language="java" pageEncoding="UTF-8"%>
<!DOCTYPE HTML>
<html>
<head><title>n807pageContext.jsp</title></head>
<body>
<h2>pageContext 对象测试:</h2>
<%
pageContext.setAttribute("sc","页面范围");
pageContext.setAttribute("sc","请求范围", PageContext. REQUEST SCOPE);
pageContext.setAttribute("sc","会话范围", PageContext. SESSION SCOPE);
```

```
pageContext.setAttribute("sc","应用范围", PageContext. APPLICATION_SCOPE);
%>
```
对象 pageContext 的属性 sc 值是:<%=pageContext. getAttribute("sc") %>
对象 request 的属性 sc 值是:<%=pageContext.getRequest(). getAttribute("sc") %>
对象 session 的属性 sc 值是:<%=pageContext.getSession(). getAttribute("sc") %>
对象 application 的属性 sc 值是:<%=pageContext.getServletContext(). getAttribute("sc") %>
当前查找到的 sc 值是:<%=pageContext.findAttribute("sc")%>
```
</body>
</html>
```

在浏览器中输入主页网址:

http://localhost/Web8JspTest/n807pageContext.jsp

程序运行结果如图 8-9 所示。

图 8-9   程序运行结果

3. 请求转发与页面包含功能

pageContext 对象还提供了用于请求转发和页面包含功能的方法,其内部实现是调用 RequestDispatcher 对象的 forward()和 include()方法。

(1) void forward(String url): 用于把请求转发到其他的 Servlet 或者页面。例如:

```
pageContext.forward("n805index.jsp");
```

(2) void include(String url): 用于在当前位置包含另一文件。

(3) void include(String url,boolean flush): 用于在当前位置包含另一文件,参数 flush 为 true 则在调用 include()方法之前将缓冲区中的内容送到浏览器显示。

8.2.7   page 对象

该对象指向当前 JSP 页面本身,称为页面对象,是当前 JSP 页面转换后的 Servlet 类的实例,对应于 java.lang 包中的 Object 类的实例,page 对象在实际开发中很少使用。

8.2.8   config 对象

该对象称为配置对象,用于访问 JSP 对应的 Servlet 的初始化信息,配置文件 web.xm

中的<init-param>标签配置了这些信息,它是 javax.servlet 包中的 ServletConfig 类的实例,具有第 3 章中的表 3-3 中的功能。下面利用 config 对象设计一个获取 JSP 配置文件中的初始信息的程序实例,如例 8-8 所示。

【例 8-8】 获取 JSP 配置文件中的初始信息的程序实例。

```jsp
<%@ page language="java" import="java.util.*" pageEncoding="UTF-8"%>
<!DOCTYPE HTML>
<html>
  <head><title>n808config.jsp</title></head>
  <body>
  <H4>JSP 配置文件中的初始信息有:</H4>
  Servlet 实例名:<%= config.getServletName() %><br>
  <%
    Enumeration paraNames= config.getInitParameterNames();
    while(paraNames.hasMoreElements()){
      String name=(String)paraNames.nextElement();
      String value=config.getInitParameter(name);
      out.print(name + "的值:" + value + "<br>");
    }
  %>
  </body>
</html>
```

在浏览器中输入主页网址:

```
http://localhost/Web8JspTest/n808config.jsp
```

程序运行结果如图 8-10 所示。

图 8-10　程序运行结果

8.2.9　exception 对象

该对象称为异常对象,对应于 java.lang 包中的 Throwable 类的实例。发生异常的页面使用 page 指令的 errorPage 属性指定异常处理页的文件路径,发送异常时将异常信息发给路径指定的异常处理页。异常处理页使用 page 指令的 isErrorPage 属性值为 true 来标志,它用 exception 对象的 getMessage()方法来获取异常信息。不过,为了不让浏览器产生误解,在获取异常信息前要用 response 对象的 setStatus(200)方法来设置响应状态码为 200,表示异常处理页面自身正常。下面设计一个用 exception 对象获取异常信息的实例,如例

8-9 所示。

【例 8-9】 用 exception 对象获取异常信息的实例,设计过程如下。

第 1 步,在项目的 WebRoot 目录中新建异常发生页面,代码如下。

```
<%@ page language="java" pageEncoding="UTF-8" errorPage="n809errorShow.jsp"%>
<!DOCTYPE HTML>
<html>
<head><title>n809exception.jsp</title></head>
<body>
    <H4>exception 对象测试</H4>
    <%=1/0 %>
</body>
</html>
```

第 2 步,在项目的 WebRoot 目录中新建异常处理页面,代码如下。

```
<%@ page language="java" pageEncoding="UTF-8" isErrorPage="true"%>
<!DOCTYPE HTML>
<html>
<head><title>n809errorShow.jsp</title></head>
<body>
  <H4>exception 的处理信息如下:</H4>
  <% response.setStatus(200); %>
  <%=exception.getMessage() %>
</body>
</html>
```

第 3 步,在浏览器中输入异常页的网址:

```
http://localhost/Web8JspTest/n809exception.jsp
```

实例运行结果如图 8-11 所示。

图 8-11 实例运行结果

8.3 JSP 的 4 大作用域

JSP 页面中定义的所有对象都有生存时间和作用范围,JSP 为它们添加了作用域属性,分为 page、request、session 和 application 4 种,它规定了在什么时间内,哪一个 JSP 页面可以访问这些对象,下面分别介绍。

8.3.1　page 范围

page 范围是当前页面范围,属于该范围的对象只能在创建该对象的页面中被访问,它对应于 javax.servlet.jsp 包的 PageContext 对象。

例如,在 page1.jsp 中用以下语句定义的 sc 属于 page 属性。

```
pageContext.setAttribute("sc","page 变量");
```

那么,只能在当前页用以下语句访问 sc,在其他页面无法访问。

```
pageContext.getAttribute("sc");
```

8.3.2　request 范围

request 范围是当前请求范围,其作用域比 page 广一些,该范围的对象可以被当前请求相关的页面访问,它对应于 javax.servlet.http 包中的 HttpServletRequest 对象。由于 pageContext 对象的 forward()方法与 include()方法也属于当前页面的同一次请求,所以它们也属于 request 范围。例如,在 page1.jsp 中用以下语句定义 sc 属性,然后转向 page2.jsp 页面,代码如下。

```
request.setAttribute("sc","request 变量");
pageContext.forward("page2.jsp");
```

那么,在 page2.jsp 页面中可以用以下语句访问该 sc 属性。

```
request.getAttribute("sc");
```

但用浏览器直接访问 page2.jsp 页面不属于同一次请求,这时获取到的 sc 值为 null。

8.3.3　session 范围

session 范围是会话范围,其作用域比 request 广一些,在整个会话期间的相关页面都可以访问属于该范围的对象,它对应于 javax.servlet.http 包中的 HttpSession 对象。

例如,创建包含以下语句的 page1.jsp 页。

```
session.setAttribute("sc","session 变量");
```

然后,创建包含以下语句的 page2.jsp 页。

```
session.getAttribute("sc");
```

如果用浏览器先打开 page1.jsp 页,然后打开 page2.jsp 页面,是可以访问 sc 的。

但是,如果打开 page1.jsp 页后关闭浏览器,再打开访问 page2.jsp 页面,它们就不属于同一次会话了,这时显示的 sc 值为 null。

8.3.4　application 范围

application 范围属于应用范围,其作用域最广,在整个 Web 应用程序运行期间,该网站的所有页面都可以访问属于该范围内的对象,它对应于 javax.servlet 包中的 ServletContext

对象。

　　例如，创建包含以下语句的 page1.jsp 页。

```
application.setAttribute("sc","application 变量");
```

　　然后，创建包含以下语句的 page2.jsp 页。

```
application.getAttribute("sc");
```

　　这时，用浏览器打开 page1.jsp 页后，只要 Web 服务器不重新启动，关闭浏览器后再打开，还是可以用 page2.jsp 页面访问 sc 属性的。

　　下面设计一个 JSP 的 4 大作用域测试实例，如例 8-10 所示。

　　【例 8-10】　JSP 的 4 大作用域测试实例，设计过程如下。

　　第 1 步，在项目的 WebRoot 目录中新建 n810scopePage1.jsp 页面，代码如下。

```
<%@ page contentType="text/html;charset=UTF-8"%>
<html>
<head><title>JSP 的作用域测试代码 n810scopePage1.jsp
</title></head>
<body>
<%
  application.setAttribute("sc","溪旁梨花 [七绝·通韵]");
  session.setAttribute("sc","鹭汀居士");
  request.setAttribute("sc","玉容似雪立溪旁,恬淡洁白独自香。");
  pageContext.setAttribute("sc","素雅晶莹无粉黛,清明雨洗更芬芳。");
%>
  <h4>第 1 页中能看到的内容</h4>
  应用中保存的诗词的标题:<%=application.getAttribute("sc") %><br>
  会话中保存的诗词的作者:<%=session.getAttribute("sc") %><br>
  请求中保存的诗词第一行:<%=request.getAttribute("sc") %><br>
  页面中保存的诗词第二行:<%=pageContext.getAttribute("sc") %><br>
  准备插入第 2 页.........<br>
<%
  pageContext.include("n810scopePage2.jsp");
%>
</body>
</html>
```

　　第 2 步，在项目的 WebRoot 目录中新建 n810scopePage2.jsp 页面，代码如下。

```
<%@ page contentType="text/html;charset=UTF-8"%>
<html>
<head><title>JSP 的作用域测试代码 n810scopePage2.jsp</title>
</head>
<body>
  <h4>第 2 页中能看到的内容</h4>
  应用中保存的诗词的标题:<%=application.getAttribute("sc") %><br>
```

```
   会话中保存的诗词的作者:<%=session.getAttribute("sc") %><br>
   请求中保存的诗词第一行:<%=request.getAttribute("sc") %><br>
   页面中保存的诗词第二行:<%=pageContext.getAttribute("sc") %><br>
</body>
</html>
```

第 3 步,在浏览器中输入第 1 页的网址:

```
http://localhost/Web8JspTest/n810scopePage1.jsp
```

页面范围与请求范围的运行结果如图 8-12 所示。

图 8-12　页面范围与请求范围的运行结果

从以上结果可以看出,除了页面(page)对象只能在创建该对象的页面内访问,其他范围的对象还可以在 include()方法包含的请求页面内访问。

下面测试在浏览器中直接输入第 2 页的网址:

```
http://localhost/Web8JspTest/n810scopePage2.jsp
```

会话范围的运行结果如图 8-13 所示。

图 8-13　会话范围的运行结果

从以上结果可以看出,应用(application)和会话(session)对象在会话期间能被多个页面访问,而请求(request)和页面(page)对象不能。

下面测试先关闭浏览器,然后重新打开浏览器输入第 2 页的网址:

```
http://localhost/Web8JspTest/n810scopePage2.jsp
```

应用范围的运行结果如图 8-14 所示。

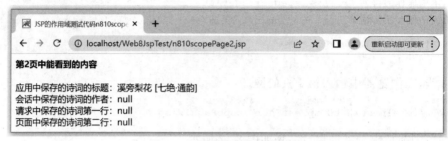

图 8-14　应用范围的运行结果

从以上结果可以看出,只有应用(application)对象能在 Web 应用程序运行期间被所有页面访问,而其他范围的对象都不能。

8.4　本章小结

本章主要介绍了 JSP 容器提供的 out、request、response、session、application、pageContext、page、config 与 exception 9 个内置对象的使用方法,以及 page、request、session 与 application 4 种作用域的访问范围。

8.5　实验指导

1. 实验名称

JSP 内置对象和作用域测试。

2. 实验目的

(1) 掌握 JSP 的 9 个内置对象的使用方法。

(2) 学会 JSP 的 4 种作用域访问范围。

3. 实验内容

(1) 设计一个包含 JSP 内置对象的程序实例。

(2) 设计一个测试 JSP 作用域的程序实例。

8.6　课后练习

一、判断题

1. 页面表单的参数可以通过 response 对象的相应方法取得。　　　　　　　　　(　　)

2. JSP 的 useBean 如果未指定 scope 则默认为 page。　　　　　　　　　　　(　　)

3. 将用户对当前 JSP 页面或 Servlet 的请求转给另一个网页或 Servlet 称为转发。(　　)

4. Page 指令不能定义当前 JSP 程序的全局属性。　　　　　　　　　　　　　(　　)

5. 客户端的请求参数都封装在 request 对象中。　　　　　　　　　　　　　　(　　)

6. 利用 response 对象的 sendRedirect()方法只能实现本网站内的页面跳转,并且不能传递参数。　　　　　　　　　　　　　　　　　　　　　　　　　　　　　　　(　　)

7. application 对象是应用程序上下文,它允许数据在同一应用程序中的任何 Web 组件共享。 （ ）

8. request 对象用于封装服务器对客户端的一次响应。 （ ）

9. request 对象 contextPath 属性保存了 Web 项目的根路径。 （ ）

10. 同一个 Web 应用中的多个用户可以共享同一个 session 对象。 （ ）

11. pageContext 可以设置、获取和删除不同范围的属性值。 （ ）

12. page 范围的对象只能在创建该对象的页面中被访问。 （ ）

13. 在整个 Web 应用程序运行期间,该网站的所有页面都可以访问属于 session 范围内的对象。 （ ）

二、名词解释

1. JSP 内置对象　　　　　　　　　　　2. JSP 的作用域

3. 配置对象

三、单选题

1. 以下哪个 JSP 内置对象可向客户端发送数据？（ ）
    A. response　　　　B. out　　　　C. request　　　　D. application

2. 作用域从 Web 应用服务器开始执行服务到结束服务为止的内置对象是（ ）。
    A. page　　　　B. request　　　　C. application　　　　D. session

3. 以下哪个内置对象封装了用户提交的信息,使用它可获取用户提交的信息？（ ）
    A. session　　　　B. out　　　　C. response　　　　D. request

4. 不属于 JSP 中 out 对象的方法是（ ）。
    A. getAttribute()　　B. print()　　　　C. println()　　　　D. close()

5. 以下不属于 JSP 内置对象的是（ ）。
    A. pageContext　　B. context　　　　C. application　　　　D. out

6. 当用户请求 JSP 页面时,平台响应客户请求,发送什么给客户端？（ ）
    A. 发送一个 JSP 源文件到客户端　　　B. 发送一个 Java 文件到客户端
    C. 发送一个 HTML 页面到客户端　　　D. 什么都不发送

7. JSP 的 request 对象的什么方法可以获取页面请求中一个表单组件对应多个值时的用户请求数据？（ ）
    A. String getParameter(String name)
    B. String[] getParameter(String name)
    C. String getParameterValuses(String name)
    D. String[] getParameterValues(String name)

8. 在 JSP 内置对象中,负责处理 JSP 文件在执行时所发生异常的对象是（ ）。
    A. message　　　　B. exception　　　C. error　　　　D. application

9. JSP 内置对象 request 的 getParameterValues()方法返回值的类型是（ ）。
    A. String[]　　　　B. Object[]　　　　C. String　　　　D. Object

10. 下面选项中,用于强制使 Session 对象无效的方法是（ ）。
    A. request.invalidate();　　　　B. session.validate();
    C. response.invalidate();　　　D. session.invalidate();

11. 下面选项中,统计网站当前在线人数的计数器 count 变量应该保存的域范围是( )。

    A. request   B. session   C. application   D. page

12. 下面关于 JSP 作用域对象的说法错误的是( )。

    A. request 对象可以得到请求中的参数

    B. session 对象可以保存用户信息

    C. application 对象可以被多个应用共享

    D. 作用域范围从小到大是 request、session、application

13. response 对象的作用是( )。

    A. 网页传回用户端的回应

    B. 与请求有关的会话期

    C. 针对错误网页,未捕捉的例外

    D. 用户端请求,此请求会包含来自 GET/POST 请求的参数

四、填空题

1. JSP 2.0 规范中定义了 9 个内置对象,其中,对象_____代表 JSP 页面的输出流,用于向客户端输出文本数据;对象_____封装了用户对服务器的一次请求,对象_____封装了服务器对客户端的一次响应,对象_____封装了一次会话。

2. request 对象的方法_____用于获取服务器的名称,方法_____用于获取参数"myName"的值。

3. response 对象的方法_____用于设置字符编码为 UTF-8,方法_____用于设置文档类型为 text/html。

4. session 对象分别用_____方法和_____方法来获取和设置会话中保存的属性值。

5. JSP 的_____对象是对当前整个 Web 应用的信息封装,用于获得 Web 应用的_____信息。

6. JSP 有 9 个内置对象,可以通过_____对象来获得其他内置对象。例如,通过它的 getRequest()方法返回当前的_____对象。

7. pageContext 对象的_____方法用于把页面重新定向到其他的 Servlet 或者页面;它的_____方法用于在当前位置包含另一文件。

8. _____对象用于访问 web.xml 文件中的<init-param>标签配置的初始信息。

9. exception 对象使用它的_____方法获得异常发生时的相关信息。

10. JSP 中提供了_____、_____、_____和 application 4 种作用域。

11. request 作用范围变量可以通过_____和_____方法设置和读取变量的数据。

12. out 对象的作用是控制页面文本输入输出流的对象,response 对象的作用是_____,然后发回给客户端。

13. application 对象是代表_____,它允许 JSP 页面与包括在同一应用程序的任何 Web 组件共享信息。

14. out 对象用来_____,称为页面输出流对象。

15. 对象_____称为会话对象,用来封装一次会话过程需要保存的用户信息,以便跟踪每个用户的操作状态。

16. 在 JSP 页面中，经常需要处理一些异常信息，这时，可以通过_____对象来实现。

17. 方法_____用于输出 JSP 缓冲区中的内容。

18. 用于封装客户端对服务器的一次请求的对象是_____。

19. 页面上下文对象与上下文对象不同，它是_____接口的实现。

五、简答题

1. JSP 中有哪些内置对象？

2. response 对象有什么作用？

3. 简述 JSP 中 response 对象的 sendRedirect() 方法的作用和特点。

4. JSP 中，使用什么代码可以让网页每隔 3s 自动刷新一次？使用什么代码可以让网页 3s 后自动跳转到 Welcome.jsp 页面？

5. JSP 中有几种作用域？它们有什么特点？

六、程序填空题

1. 以下代码的功能是测试 JSP 的 4 大作用域，请按要求填写下画线部分的代码。

```
<%@ page language="java" contentType="text/html; charset=utf-8" %>
<html><head><title>JSP 的 4 大作用域测试</title></head>
<body>
<h4>设置不同作用域的 sc 属性的值</h4>
<%
    pageContext.setAttribute("sc","page 变量");
    request.setAttribute("sc","request 变量");
    session.setAttribute("sc","session 变量");
    application.setAttribute("sc","application 变量");
    out.print("页面中的 sc 是:"+____①____+"<br>");
    out.print("请求中的 sc 是:"+____②____+"<br>");
    out.print("会话中的 sc 是:"+____③____+"<br>");
    out.print("应用中的 sc 是:"+
        application.getAttribute("sc")+"<br>");
%>
</body>
</html>
```

2. 以下代码利用 request 对象获得服务器的名称、端口号、请求方法、URI 路径和上下文路径等信息，请按要求填写下画线部分的代码。

```
<%@ page language="java" import="java.util.* "
pageEncoding="UTF-8"%>
<!DOCTYPE HTML>
<html><head><title>n10RequestTest.jsp</title></head>
<body>
    <form action="" method="post">
        <input type="submit" value="提交">
    </form>
    获得服务器的名称:<%=request.getServerName()%><br>
```

获得服务器的端口:<%=request.____①____ %>
获得请求的方法:<%=request.____②____ %>
获得请求的 URI:<%=request.____③____ %>
获得请求的上下文路径:<%=request.getContextPath() %>
</body>
</html>

七、程序分析题

1. 简述以下代码的功能。

```jsp
<%@ page language="java" import="java.util.*" pageEncoding="UTF-8"%>
<!DOCTYPE HTML>
<html>
  <head><title>n10RequestParams.jsp</title></head>
  <body>
    获取的请求参数信息如下：<br>
    <%
    request.setCharacterEncoding("utf-8");
    String name = request.getParameter("myName");
    String password = request.getParameter("myPsw");
    String[] taste = request.getParameterValues("myTaste");
    out.print("<br>用户名:" + name);
    out.print("<br>密  码:" + password);
    out.print("<br>爱好:");
    for (int i = 0; i < taste.length; i++) {
        out.print(taste[i] + ",");
    }
    %>
  </body>
</html>
```

2. 简述以下代码的功能。

```jsp
<%@ page language="java" import="java.util.Date"
        contentType="text/html; charset=UTF-8" %>
<!DOCTYPE html>
<html>
<head><title>n10ResponseHeader.jsp</title></head>
<body>
<%
  response.setHeader("Refresh","3");
  out.print("当前时间是:"+new Date());
%>
</body>
</html>
```

3. 简述以下代码的功能。

```jsp
<%@ page language="java" contentType="text/html;
                charset=UTF-8" %>
<!DOCTYPE html>
<html>
<head><title>n10Counter.jsp</title></head>
<body>
<%
    //获取 Counter 属性的值
    Integer num=(Integer)application.getAttribute("Counter");
    if(num==null){ num=1; }
    else{ num++; }
    //设置 Counter 属性的值
    application.setAttribute("Counter",num);
%>
欢迎访问本网站,您是第<%=application.getAttribute("Counter") %>位访客!
</body>
</html>
```

八、程序设计题

1. 编写一个 JSP 页面,获取输入表单提交的用户名和密码,将它们保存在 session 对象中,然后将它们从 session 对象中取出来显示。

2. 编写包含提交表单和处理表单的 JSP 页面,当用户单击"提交"按钮后,将收到的用户名以楷体、4 号、蓝色字体格式显示出来。

第9章
EL表达式语言与JSTL标签库

视频讲解

📖**本章学习目标:**

- 能正确列举 EL 表达式语言的构成元素,并且熟练使用它们编程。
- 能正确下载、安装和测试 JSTL。
- 能熟练应用 JSTL 的 Core 标签库编程。

📖**主要知识点:**

- EL 表达式语言。
- Core 标签库。

📖**思想引领:**

- 介绍 EL 表达式语言的格式和 JSTL 标签库的规范。
- 引导学生遵守工程规范的工作意识。

在前面的 Web 实例中是用 Servlet 代码或 JSP 代码来显示 Servlet 域中的相关数据的,但 Web 网站中要显示的数据比较多,造成显示代码较多。为了降低 JSP 页面显示的复杂度,JSP 2.0 规范中新增了 EL 表达式语言。另外,前面介绍的 HTML 和 JSP 提供的标签功能也比较有限,所以 Sun 公司制定了一套标准标签库 JSTL,它支持用户自定义标签,有较强的代码控制能力,这简化了网页开发的难度,本章将分别介绍这两部分知识。

9.1 EL 表达式语言

EL 是 Expression Language(表达式语言)的缩写,它是一种简单的数据访问语言,在 JSP 2.0 规范中开始引入。在 JSP 页面的任何静态部分均可通过 EL 来获取指定表达式的值,它简化了通过 Java 代码获取数据的复杂性。EL 以"＄{"符号开始,以"}"符号结束,具体格式是:＄{表达式}。下面介绍 EL 中的"表达式"的构成元素。

9.1.1 EL 保留字与标识符

1. EL 保留字

保留字也叫关键字,是指编程语言中事先定义好的并赋予了特殊含义的单词。EL 中包含的常见保留字有 div、mod、eq、ne、gt、ge、lt、le、and、or、not、empty、instanceof、true、false 和 null 等。

2. EL 标识符

标识符是用来标明元素名称的单词,如变量名、自定义函数名、对象名等。EL 中的标识符可以由大小写字母、数字和下画线组成,但不能以数字开头,不能使用 EL 中的保留字和内置对象,不能包含下画线以外的特殊字符(如运算符、单双引号等)。例如,name、stuName、X1、_No 是正确的,而 88user、stu"name、div 是错误的。

9.1.2　EL 变量与常量

1. EL 变量

变量是用来保存数据的,一个变量对应于一个基本的存储单元,EL 可以将变量映射到一个对象上。与其他弱类型语言一样,EL 中的变量不用事先定义就可以直接使用。例如,不需要先定义 ${ name }中的 name 变量。

2. EL 常量

常量是指值不能改变的数据,EL 中的常量又称字面量,包含布尔常量(如 true 和 false)、整型常量(如 75)、浮点数常量(如 3.14 和 2.8E5)、字符串常量(是用单引号或双引号括起来的一连串字符,如"您好!")和空常量(如 null)5 种。

9.1.3　EL 运算符

EL 支持简单的运算,它包含的运算符如表 9-1 所示。

表 9-1　EL 包含的运算符

种　类	构　成	功　能　描　述
点运算符	.	用于访问对象的属性,如:stu.name
方括号运算符	[ ]	用于访问 List 或数组的索引元素或者对象的属性,如:stu["name"]和 book[0]
圆括号运算符	( )	用于改变运算符的优先级,如:a*(b+c)
空运算符	empty	用于判断某个对象是否为 null 或""或没有定义,结果为布尔值,如:empty stu
算术运算符	+、-、*、/(或 div)、%(或 mod)	用于加、减、乘、除、取余等运算,如 5/2 的值是 2.5,5%2 的值是 1
比较运算符	==(或 eq)、!=(或 ne)、<(或 lt)、<=(或 le)、>(或 gt)、>=(或 ge)	用于比较两个操作数的大小,如 7 lt 8 的值是 true,7 gt 8 的值是 false
逻辑运算符	&&(或 and)、||(或 or)、!(或 not)	用于对结果为布尔类型的表达式进行运算,如 true and false 的值是 false
条件运算符	?:	它是唯一的三目运算符,用于条件判断,类似于 Java 的 if-else 语句,如(7>8)? 7:8 的值是 8

表 9-1 中的 EL 运算符优先级是按以下顺序从大到小排列:点运算符、方括号运算符、圆括号运算符、单目运算符(如:负号、empty、not)、算术的乘除取余运算符、算术的加减运算符、比较的大小运算符、比较的等与不等运算符、逻辑与运算符、逻辑或运算符、条件运算符等。接下来设计一个用 EL 来计算圆面积的实例,如例 9-1 所示。

【例 9-1】　用 EL 来计算圆面积的实例,设计过程如下。

第 1 步,在 MyEclipse 平台新建 Web9ELorJSTL 项目,然后在该项目的 WebRoot 目录中新建 n901ELtest.jsp 文件,代码如下。

```
<%@ page language="java" contentType="text/html; charset=utf-8"%>
<html>
<head><title>n901ELtest.jsp</title></head>
<body>
<% pageContext.setAttribute("r",10); %>
半径为${ r }的圆的面积是:${ 3.14 * r * r }<br>
</body>
</html>
```

第2步,测试以上代码。在浏览器中输入网址:

`http://localhost/Web9ELorJSTL/n901ELtest.jsp`

JSP 的运行结果如图 9-1 所示。

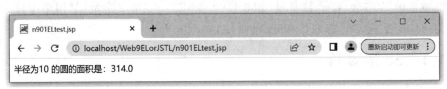

图 9-1　例 9-1 JSP 的运行结果

9.1.4　EL 内置对象

与 JSP 一样,在 EL 中也提供了内置对象,它们又称为隐式对象。EL 中提供的内置对象有 11 个,它们是 pageContext、pageScope、requestScope、sessionScope、applicationScope、param、paramValues、initParam、cookie、header 和 headerValues 等。除了 pageContext 对象是 javax.servlet.jsp. PageContext 类型,其他的都是 java.util.Map 类型,下面分别介绍它们。

1. pageContext 对象

该对象封装了 JSP 页面的运行信息,它代表当前 JSP 页面的运行环境,即页面上下文,与 JSP 的 pageContext 内置对象相对应。通过它可以获取 JSP 页面的其他内置对象。例如,可以获取 request、response、session、servletContext 和 servletConfig 等对象。注意,这些内置对象是属于 JSP 的,不属于 EL 的。例如,${pageContext.session}获取 session 对象,其底层实际调用了 pageContext.getSession()方法。

下面设计一个 pageContext 获取其他内置对象的实例,如例 9-2 所示。

【例 9-2】　pageContext 获取其他内置对象的实例,设计过程如下。

第1步,在当前项目的 WebRoot 目录中新建 n902pageContext.jsp 文件,代码如下。

```
<%@ page language="java" pageEncoding="UTF-8"%>
<html>
<head><title>n902pageContext.jsp</title></head>
<body>
    服务器信息为:${ pageContext.servletContext.serverInfo }<br>
    Servlet 注册名为:${ pageContext.servletConfig.servletName }<br>
    请求 URI 为:${ pageContext.request.requestURI }<br>
```

响应头字段 ContentType 为:${ pageContext.
response.contentType }
Session 的 ID 为:${ pageContext.session.id }
</body>
</html>

第2步,测试以上代码。在浏览器中输入网址:

```
http://localhost/Web9ELorJSTL/n902pageContext.jsp
```

JSP 的运行结果如图 9-2 所示。

图 9-2　例 9-2 JSP 的运行结果

2. Web 域对象

EL 中用于表示 4 大作用域的对象是 pageScope、requestScope、sessionScope 和 applicationScope 4 个内置对象,它们与 JSP 中的内置对象 page、request、session 和 application 类似,分别表示页面、请求、会话与应用 4 大作用域。在 EL 中,可以通过它们获取指定域中的数据。下面设计一个 EL 的 4 大作用域测试实例,如例 9-3 所示,其功能与第 8 章中的例 8-10 相似。

【例 9-3】　EL 的 4 大作用域测试实例,设计过程如下。

第1步,在项目的 WebRoot 目录中新建 n903scopePage1.jsp 页面,代码如下。

```
<%@ page contentType="text/html;charset=UTF-8" %>
<html>
<head><title>EL 的四大作用域测试 n903scopePage1.jsp</title></head>
<body>
  <%
  application.setAttribute("sc","庐山瀑布 [七绝·平水韵] ");
  session.setAttribute("sc","鹭汀居士");
  request.setAttribute("sc","翠耸庐山雨后峰,飞流直下曲如钟。");
  pageContext.setAttribute("sc","朝阳斜倚彩丝带,雾似浮云吻劲松。");
  %>
  <h4>第 1 页中能看到的内容</h4>
  应用中保存的诗词的标题:${ applicationScope.sc } <br>
  会话中保存的诗词的作者:${ sessionScope.sc } <br>
  请求中保存的诗词第一行:${ requestScope.sc } <br>
  页面中保存的诗词第二行:${ pageScope.sc } <br>
  准备插入第 2 页.........<br>
  <% pageContext.include("n903scopePage2.jsp"); %>
```

```
</body>
</html>
```

第 2 步，在项目的 WebRoot 目录中新建 n903scopePage2.jsp 页面，代码如下。

```
<%@ page language="java" contentType="text/html; charset=utf-8"%>
<html>
<head><title>EL 的四大作用域测试 n903scopePage2.jsp</title></head>
<body>
    <h4>第 2 页中能看到的内容</h4>
    应用中保存的诗词的标题:${ applicationScope.sc } <br>
    会话中保存的诗词的作者:${ sessionScope.sc } <br>
    请求中保存的诗词第一行:${ requestScope.sc } <br>
    页面中保存的诗词第二行:${ pageScope.sc } <br>
</body>
</html>
```

第 3 步，在浏览器中输入第 1 页的网址：

```
http://localhost/Web9ELorJSTL/n903scopePage1.jsp
```

页面范围与请求范围的运行结果如图 9-3 所示。

图 9-3　页面范围与请求范围的运行结果

从以上结果可以看出，pageScope 对象只能在创建该对象的页面内访问，其他范围对象还可以在 include()方法包含的请求页面内访问。

下面在浏览器中直接输入第 2 页的网址：

```
http://localhost/Web9ELorJSTL/n903scopePage2.jsp
```

会话范围的运行结果如图 9-4 所示。

从以上结果可以看出，sessionScope 和 applicationScope 对象在会话期间能被多个页面访问，而 pageScope 和 requestScope 不能。

下面测试先关闭浏览器，然后重新打开浏览器输入第 2 页的网址：

图 9-4　会话范围的运行结果

```
http://localhost/Web9ELorJSTL/n903scopePage2.jsp
```

应用范围的运行结果如图 9-5 所示。

图 9-5　应用范围的运行结果

从以上结果可以看出,只有 applicationScope 对象在 Web 应用程序运行期间可以被所有页面访问,而其他范围的对象都不能。

3. 请求参数对象

通过 EL 的内置对象 param 和 paramValues 可以获取客户端传递来的请求参数值。其中,表达式＄{param.参数名}获取请求中指定参数名的参数值,如果该参数不存在,则返回空串,不是 null;表达式＄{paramValues.参数名[索引]}可以获取请求中指定参数名的某索引号的参数值,它们与 JSP 中的 request 内置对象的方法 getParameter(String 参数名)和方法 getParameterValues(String 参数名)的功能类似。

例如,用户在客户端浏览器中输入以下网址:

```
http://localhost/WebTest/param.jsp?name=李四 &hobby=唱歌 &hobby=写诗
```

表达式＄{param.name}的值是"李四",＄{paramValues.hobby[0]}的值是"唱歌",＄{paramValues.hobby[1]}的值是"写诗"。

下面设计一个用 param 获取用户请求参数值的实例,如例 9-4 所示。

【例 9-4】　用 param 获取用户请求参数值的实例,设计过程如下。

第 1 步,在当前项目的 WebRoot 目录中新建表单输入页面,代码如下。

```
<%@ page language="java" contentType="text/html; charset=UTF-8" %>
<!DOCTYPE HTML>
<html>
<head><title>n904form.jsp</title></head>
<body>
```

```
<form action="n904param.jsp"  method="POST">
  <table border="0">
  <tr>
    <td colspan="2">
    <h3 align="center">诗词提交窗口</h3>
    </td>
  </tr>
  <tr>
    <td align="right">诗词标题:</td>
    <td><input type="text" name="scTitle" size="40" autofocus></td>
  </tr>
  <tr>
    <td align="right">诗词种类:</td>
    <td>
    <select name="scType">
    <option value="古诗" selected>古诗</option>
    <option value="古词">古词</option>
    </select>
    </td>
  </tr>
  <tr>
    <td align="right">诗词内容:</td>
    <td>
    <textarea name="content" rows="6" cols="40"> </textarea>
    </td>
  </tr>
  <tr>
    <td align="right">作者:</td>
    <td><input type="text" name="author" size="20"></td>
  </tr>
  <tr>
    <td align="right">发表日期:</td>
    <td><input type="date" name="scDate" size="20"></td>
  </tr>
  <tr>
    <td align="right"><input type="submit" value="提交"></td>
    <td align="left"><input type="reset"  value="重置"></td>
  </tr>
  </table>
</form>
</body>
</html>
```

第 2 步,在当前项目的 WebRoot 目录中新建表单处理文件,代码如下。

```
<%@ page language="java" contentType="text/html; charset=utf-8" %>
```

```
<html>
<head><title>n904param.jsp</title></head>
<body>
    <% request.setCharacterEncoding("utf-8"); %>
    用户提交的诗词信息如下:
    <br>诗词标题:${ param.scTitle }
    <br>诗词种类:${ param.scType }
    <br>诗词内容:${ param.content }
    <br>作者:${ param.author }
    <br>发表日期:${ param.scDate }
</body>
</html>
```

第3步,测试以上代码。在浏览器中输入以下网址:

```
http://localhost/Web9ELorJSTL/n904form.jsp
```

实例运行结果如图9-6所示。

(a) 诗词输入表单

(b) 表单处理结果

图9-6　例9-4运行结果

4. initParam 对象

该对象获取 web.xml 配置文件中<context-param></context-param>标签之间定义

的给定参数名称的参数值，EL 表达式格式是 ${ initParam.参数名 }，其功能与第 5 章介绍的 getInitParameter(String name)方法类似。例如，假如定义以下初始化参数配置代码：

```
<context-param>
    <param-name>name</param-name>
    <param-value>鹭汀居士</param-value>
</context-param>
```

那么，表达式 ${ initParam.name } 获取的参数值是"鹭汀居士"。下面设计一个用 initParam 获取初始参数的程序实例，如例 9-5 所示。

【例 9-5】 用 initParam 获取初始参数的程序实例，设计过程如下。

第 1 步，修改或创建 web.xml 配置文件，在<web-app>标签中定义以下初始参数。

```
<?xml version="1.0" encoding="UTF-8"?>
<web-app xmlns:xsi="http://www.w3.org/2001/XMLSchema-instance"
xmlns="http://java.sun.com/xml/ns/javaee"
xmlns:web="http://java.sun.com/xml/ns/javaee/web-app_2_5.xsd"
xsi:schemaLocation="http://java.sun.com/xml/ns/javaee
http://java.sun.com/xml/ns/javaee/web-app_3_0.xsd" version="3.0">
  <context-param>
    <param-name>baijiahao</param-name>
    <param-value>鸥鹭诗汀</param-value>
  </context-param>
  <context-param>
    <param-name>intro</param-name>
    <param-value>生于星江旁,常饮星江水;现居北江头,网游云中寺;夜半听钟声,鹭汀一笠
翁......</param-value>
  </context-param>
</web-app>
```

第 2 步，在项目的 WebRoot 目录中新建 n905initParamTest.jsp 文件，代码如下。

```
<%@ page language="java" contentType="text/html; charset=utf-8" %>
<html>
<head><title>n905initParamTest.jsp</title></head>
<body style='text-align:center'>
  <header style='color:white;background-color:green'>
    <h1>${ initParam.baijiahao }百家号</h1>
  </header>
  <article>
    <h3>鹏城端午夜色 [七绝·平水韵] </h3>
    <h5>文/鹭汀居士</h5>
    <p>
    端午鹏城夜色朦,人间灯火映长空。<br>
    千家粽子香飘溢,欲请英魂出水宫。<br>
    2023-06-22
    </p>
```

```
  </article>
  <footer style='color:white;background-color:green'>
    <p>诗人简介：${ initParam.intro }</p>
  </footer>
</body>
</html>
```

第3步，测试以上代码。在浏览器中输入网址：

```
http://localhost/Web9ELorJSTL/n905initParamTest.jsp
```

实例运行结果如图9-7所示。

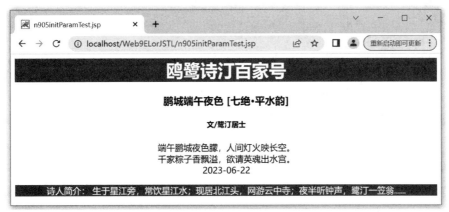

图 9-7　例 9-5 运行结果

5. cookie 对象

在 Servlet 的会话技术中讲过，JSP 开发过程中经常需要获取客户端的 Cookie 信息，所以 EL 表达式中定义了 cookie 内置对象，该对象是一个代表所有 Cookie 信息的 Map 集合，Map 集合中元素的键为各个 Cookie 的名称，值则为对应的 Cookie 对象。

例如，用 ${ cookie.JSESSIONID.value } 可以获取 session 的 ID 值。下面设计一个 cookie 对象应用实例，如例 9-6 所示。

【例 9-6】　cookie 对象应用实例，设计过程如下。

第1步，在项目的 WebRoot 目录中新建 n906cookieTest.jsp 文件，代码如下。

```
<%@ page language="java" contentType="text/html; charset=utf-8" %>
<html>
<head><title>n906cookieTest.jsp</title></head>
<body>
    <%
    response.addCookie(new Cookie("url",
            "https://www.baidu.com"));
    %>
    获取 Cookie 对象的信息如下：<br>
    1) Cookie 对象 JSESSIONID 是：${ cookie.JSESSIONID }<br>
    2) 全部 Cookie 对象信息有：${ cookie } <br>
```

3)Cookie 对象 url 的信息:${ cookie.url }

4)Cookie 对象 url 的名称:${ cookie.url.name }

5)Cookie 对象 url 的值:${ cookie.url.value }

</body>

</html>

第 2 步,测试以上代码。在浏览器中输入网址:

`http://localhost/Web9ELorJSTL/n906cookieTest.jsp`

在联网状态的运行结果如图 9-8 所示。

图 9-8　例 9-6 运行结果

6. header 和 headerValues 对象

对象 header 和 headerValues 分别用于获取单个值的请求头信息和多个值的请求头信息,返回 Map 类型值。它们分别对应于 request 对象的 getHeader(String name)方法和 getHeaders(String name)方法。

例如,用 ${ header.Host }获取主机信息,如 localhost 信息。

EL 的基本知识已经介绍完,用它编程可以方便引用 Servlet 域数据和 JavaBean 的属性数据,它降低了 JSP 页面显示的复杂度,但其功能有限。例如,缺少流程控制语句,无法遍历集合。下面介绍的 JSTL 恰好可以弥补 EL 的这些缺陷。

视频讲解

9.2　JSTL 标准标签库

JSTL 是 Java Server Pages Standard Tag Library 的缩写,它是当初 Sun 公司制定的一套 Java Web 标准标签库,目的是解决市场上各个 Web 应用厂商定制的自定义标签库不统一的问题。该标准标签库由 5 个不同功能的子标签库组成,JSTL 1.1 规范为这 5 个标签库分别指定了不同的描述符文件的 URI 和前缀。JSP 的 5 个标准标签库如表 9-2 所示。

表 9-2　JSP 的 5 个标准标签库

标签库	标签库描述符文件的 URI	前缀	功能描述
Core	http://java.sun.com/jsp/jstl/core	c	核心标签库,包含实现 Web 应用的通用操作标签
XML	http://java.sun.com/jsp/jstl/xml	x	操作 XML 文档的标签库
I18N	http://java.sun.com/jsp/jstl/fmt	fmt	JSP 页面国际化/格式化标签库

续表

标签库	标签库描述符文件的 URI	前缀	功 能 描 述
SQL	http://java.sun.com/jsp/jstl/sql	sql	数据库标签库,用于库数据操作
Functions	http://java.sun.com/jsp/jstl/functions	fn	EL 自定义函数标签库

用以上标签库编程可以加强代码的整洁性、可读性与重用性,它大大降低了 JSP 设计的复杂度,可以使用 taglib 指令导入它们,导入语句的格式如下。

```
<%@ taglib uri="标签库描述符文件的 URI" prefix="前缀"%>
```

例如,语句<%@ taglib uri="http://java.sun.com/jsp/jstl/core" prefix="c"%>用于导入 Core 核心标签库。

本节主要介绍 Core 核心标签库的使用方法,可以通过它的前缀"c"来使用该标签库中定义的标签。

9.2.1　JSTL 的下载、安装和测试

使用 JSTL 前应先下载和安装该标签库,下面详细介绍。

1. JSTL 的下载和安装

JSTL 的 JAR 安装包在 Apache 网站中,其下载地址如下。

```
http://archive.apache.org/dist/jakarta/taglibs/standard/binaries/
```

用户选择需要的版本下载, 如 jakarta-taglibs-standard-1.1.2.zip 压缩包,下载后将 JSTL 压缩包解压,在 lib 目录中可以看到 jstl.jar 和 standard.jar 两个 JAR 文件。其中,jstl.jar 文件包含 JSTL 规范中定义的接口和相关类,standard.jar 文件包含用于实现 JSTL 的.class 文件以及 JSTL 中 5 个标签库描述符文件(TLD)。JSTL 的安装比较简单,只需将 jstl.jar 和 standard.jar 这两个文件复制到当前项目的目录 WebRoot\WEB-INF\lib 中即可。JSTL 的保存位置如图 9-9 所示。

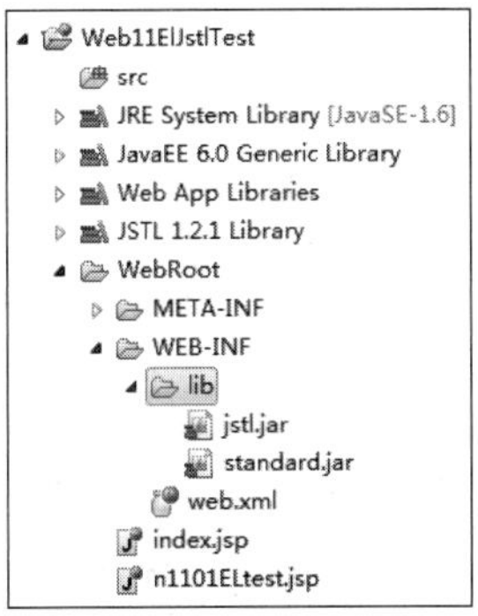

安装完 JSTL 后,就可以在 JSP 文件中使用 JSTL 标签库了。

图 9-9　JSTL 的保存位置

2. JSTL 的运行测试

安装完 JSTL 后,最好设计实例来测试一下 JSTL 是否安装成功。下面设计一个用 JSTL 的<c:out>标签显示一首诗的实例,其中的<c:out>标签用于输出信息,如例 9-7 所示。

【例 9-7】　用 JSTL 的<c:out>标签显示一首诗的实例,设计过程如下。

第 1 步,在项目的 WebRoot 目录中新建 n907outTest.jsp 文件,其代码如下。

```
<%@ page language="java" contentType="text/html; charset=utf-8"%>
<%@ taglib uri="http://java.sun.com/jsp/jstl/core" prefix="c"%>
<html>
```

```
<head><title>n907outTest.jsp</title></head>
<body>
    <h3>惠州西湖一日游 [七绝·平水韵] </h3>
    <h5>文/鹭汀居士: </h5>
    <c:out value="${ null }" escapeXml="false">
        苏堤玉塔孤山迹,九曲桥通四景区。<br>
        鸟岛平湖观鹤鹭,烟霞柳浪逛菱湖。<br>
        2022-11-26
    </c:out>
</body>
</html>
```

第 2 步,测试以上代码。在浏览器中输入网址:

```
http://localhost/Web9ELorJSTL/n907outTest.jsp
```

实例运行结果如图 9-10 所示。

图 9-10　例 9-7 运行结果

以上代码中的第 2 行使用 taglib 指令导入 Core 标签库,正文中输出诗内容的<c:out>标签中的字符"c"是标签的前缀。程序运行正确,说明 JSTL 安装成功。

9.2.2　核心标签库的使用方法

Core 标签库提供了通用标签、流控制标签和循环控制标签等,它方便流程控制、迭代输出、数据处理等,下面详细介绍。

1.<c:out>标签

该标签用于将一段文本内容或表达式的结果输出到客户端,与 JSP 表达式<%= 输出值 %>或者 EL 表达式 ${ 输出值 } 的作用相似,其语法格式有以下两种。

格式 1:没有标签体但有 default 属性的情况。

<c:out value="输出值" [default="默认输出值"] [escapeXml="true"]/>

格式 2:有标签体但没有 default 属性的情况。

<c:out value="输出值" [escapeXml="true"]/>
　　默认输出值
<c:out>

说明:上述语法中的方括号中内容是可选的,两种格式的差别是,格式 1 将"默认输出值"放在 default 属性中;格式 2 将"默认输出值"放在标签体中,只有当 value 属性值为 null 时,<c:out>标签才会输出默认值。另外,escapeXml 属性也是可选项,其默认值为 true,表示将输出值中包含的<、>、'、"、& 等特殊字符进行 HTML 编码转换后当成普通字符输出,如将<转换为 <和将>转换为 >等。如果 escapeXml 取值为 false 则不转换,即当成控制符输出。

例如,例 9-7 是用格式 2 实现的,其中的 value 属性值为 null,并且 escapeXml 属性值为 false,所以将标签体中的内容输出,并且
被解释成换行符,否则
会当成字符串输出。

又如,<c:out value="惠州西湖一日游
鹭汀居士。" default="没有定义"/>的输出值是:惠州西湖一日游
鹭汀居士。

2. <c:set>标签

该标签用于在指定范围内设置变量或属性的值,与<jsp:setProperty>的作用相似。根据其应用范围,其语法格式分为以下两种。

格式 1:用于给普通变量赋值。

<c:set var="变量名" value="变量值" scope="作用域"/>

格式 2:用于给 JavaBean 对象的属性或 Map 对象的 key 属性赋值。

<c:set target="对象名" property="属性名" value="属性值"/>

说明:scope 指定的作用域可以是 page、request、session 或 application,默认值为 page,属性 target 如果是 JavaBean,则先用第 7 章介绍的<jsp:useBean>标签创建一个 Bean 实例,格式是:<jsp:useBean id="对象名" class="包.类" scope="作用域"/>。

当然,set 标签也支持标签体,其 value 的值可以写在标签体中,例如:

```
<c:set var="变量名" scope="作用域">
        变量值
</c:set>
```

现在列举以上两种格式的例子如下。

格式 1 例子,用以下代码设计一个 session 范围的访问计数器。

```
<%  Integer count = 0;   %>
<c:set var="count" value="${count+1}" scope="session"/>
```

格式 2 例子,用以下代码修改第 7 章的例 7-10 中的 N710book 的书名。

```
<jsp:useBean id="book1" class="ch7.N710book" scope="session"/>
<c:set target="${book1}" property="name" >
Java 程序设计
</c:set>
书名是:${book1.name}
```

接下来,设计一个<c:set>标签设置诗词信息的应用实例,如例 9-8 所示。

【例 9-8】 ＜c：set＞标签设置诗词信息的应用实例,设计过程如下。

第 1 步,在项目的 WebRoot 目录中新建 n908setTest.jsp 文件,代码如下。

```
<%@ page language="java" contentType="text/html; charset=utf-8" %>
<%@ taglib uri="http://java.sun.com/jsp/jstl/core" prefix="c"%>
<html>
<head><title>n908setTest.jsp</title></head>
<body>
  <% Integer count = 0;  %>
  <c:set var="count" value="${count+1}" scope="session"/>
  <c:set var="title" value="桂殿秋·惠州西湖游 [向子諲体·词林正韵] "
        scope="session"/>
  <c:set var="author" value="文/鹭汀居士:" scope="session"/>
  <c:set var="content" scope="session">
  鹅岭下,玉塔隅,青山碧水绕两区。<br>
  闲游鸟岛观归鹭,柳浪烟波串六湖。<br>
  2022-11-26<br>
  </c:set>
  <h3>${ title } </h3>
  <h5>${ author }   </h5>
  <c:out value="${ content }" escapeXml="false" />
  <br> 用户访问${ count }次。
</body>
</html>
```

第 2 步,测试以上代码。在浏览器中输入网址:

http://localhost/Web9ELorJSTL/n908setTest.jsp

实例运行结果如图 9-11 所示。

图 9-11　例 9-8 运行结果

3. ＜c：remove＞标签

该标签用于删除某个范围的数据,格式如下。

＜c：remove var="被删变量名" scope="作用域"/＞

其中,scope 指定的作用域可以是 page、request、session 或 application,默认值为 page。例如,删除前面创建 book1 对象的代码如下。

```
<c:remove var="book1" scope="session"/>
```

4. <c:if>标签

该标签用于分支选择,与脚本语言中的条件语句的功能类似,其语法格式如下。

<c:if test="条件" [var="变量名"] [scope="作用域"]>
　　标签体
</c:if>

说明,以上标签的功能是:如果 test 条件值为 true,则执行标签体,否则不执行标签体。其中,可选项 var 定义用于保存条件值的变量名,可选项 scope 定义变量作用域,值为 request、page、session 或 application,默认值为 page。

下面设计一个<c:if>标签的应用实例,该实例中还用到了<c:redirect>标签,这是一个重定向标签,在本章的后面介绍。该实例的功能是:如果用户选择表单中的"诗",则重定向例 9-7 中的 n907outTest.jsp 文件;如果用户选择表单中的"词",则重定向例 9-8 中的 n908setTest.jsp 文件,如例 9-9 所示。

【例 9-9】 <c:if>标签的应用实例,设计过程如下。

第 1 步,在项目的 WebRoot 目录中新建 n909ifTest.jsp 文件,代码如下。

```jsp
<%@ page language="java" contentType="text/html; charset=utf-8" %>
<%@ taglib uri="http://java.sun.com/jsp/jstl/core" prefix="c"%>
<html>
<head><title>n909ifTest.jsp</title></head>
<body>
<form action="n909ifTest.jsp">
    <input type="radio" name="url" value="s" checked>诗
    <input type="radio" name="url" value="c">词<br>
    <input type="submit" value="提交" /> 
    <input type="reset" value="重置" />
</form>
<c:if test="${ param.url=='s' }">
    <c:redirect url="n907outTest.jsp" />
</c:if>
<c:if test="${ param.url=='c' }">
    <c:redirect url="n908setTest.jsp" />
</c:if>
</body>
</html>
```

第 2 步,测试以上代码。在浏览器中输入网址:

```
http://localhost/Web9ELorJSTL/n909ifTest.jsp
```

实例运行结果如图 9-12 所示。

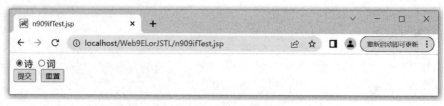

(a) 用户选择窗口

(b) 用户选择"诗"的结果

(c) 用户选择"词"的结果

图 9-12　例 9-9 运行结果

5. ＜c:choose＞＜c:when＞与＜c:otherwise＞标签

以上三个标签通常一起使用,用于多分支选择,类似于 Java 中的 switch case 和 default 语句,其组合方式是＜c:choose＞的标签体中嵌套一个或多个＜c:when＞标签和零个或一个＜c:otherwise＞标签,并且所有的＜c:when＞子标签必须出现在＜c:otherwise＞子标签之前,具体语法格式如下。

```
＜c:choose＞
    ＜c:when test="条件 1"＞
            when 标签体 1
    ＜/c:when＞
    ＜c:when test="条件 2"＞
            when 标签体 2
    ＜/c:when＞
```

```
...
```

```
<c:otherwise>
        otherwise 标签体
</c:otherwise>
</c:choose>
```

说明,以上组合的功能是:如果第 1 个<c:when>标签中 test 的"条件 1"满足,则执行 when 标签体 1,否则判断第 2 个<c:when>标签中 test 的"条件 2",满足则执行 when 标签体 2,以此类推,如果所有的<c:when>标签的 test 条件都不满足,才执行和输出<c:otherwise>标签体的内容。

以下实例是对例 9-9 的修改,它用<c:choose>等标签代替<c:if>标签,实现同样的功能,其代码如例 9-10 所示。

【例 9-10】 <c:choose>标签的应用实例,设计过程如下。

第 1 步,在项目的 WebRoot 目录中新建 n910chooseTest.jsp 文件,代码如下。

```
<%@ page language= "java" contentType= "text/html; charset=utf-8" %>
<%@ taglib uri= "http://java.sun.com/jsp/jstl/core" prefix= "c"%>
<html>
<head><title>n910chooseTest.jsp</title></head>
<body>
<form action= "n910chooseTest.jsp">
    <input type= "radio" name= "url" value= "s" checked>诗
    <input type= "radio" name= "url" value= "c">词<br>
    <input type= "submit" value= "提交" /> 
    <input type= "reset" value= "重置" />
</form>
<c:choose>
    <c:when test= "${ param.url=='s' }">
      <c:redirect url= "n907outTest.jsp" />
    </c:when>
    <c:when test= "${ param.url=='c' }">
      <c:redirect url= "n908setTest.jsp" />
    </c:when>
    <c:otherwise>
        您没有选择,请选择诗或词。
    </c:otherwise>
</c:choose>
</body>
</html>
```

第 2 步,测试以上代码。在浏览器中输入网址:

```
http://localhost/Web9ELorJSTL/n910chooseTest.jsp
```

程序的运行结果与图 9-12 显示的效果类似。

6. <c:forEach>标签

该标签用于迭代访问集合对象中的元素,如重复访问 Set、List、Map、数组中的元素,类似于 Java 中的 for 循环语句,其语法格式如下。

```
<c:forEach [var="循环变量"] items="集合对象" [varStatus="元素状态"] [begin="开始
索引"] [end="结束索引"] [step="迭代步长"]>
    标签体
</c:forEach>
```

说明,以上标签的功能:从 begin 指定的索引值(默认 0)开始,从集合对象中取元素到 var 的循环变量中,执行标签体,按 step 指定的步长(默认值是 1)迭代,直到 end 指定的索引值(默认为最后)结束。其中,varStatus 属性保存集合中当前元素的状态信息,包含以下内容。

(1) index:当前元素在集合中的索引,从 0 开始计数。

(2) count:当前元素在集合中的序号,从 1 开始计数。

(3) first:当前元素是否为集合中的第一个元素。

(4) last:当前元素是否为集合中的最后一个元素。

例如,以下代码显示 123456789 的结果。

```
<c:forEach var="i" begin="1" end="9">
    <c:out value="${i}" />
</c:forEach>
```

接下来设计一个用<c:forEach>标签遍历 Map 对象的实例,如例 9-11 所示。

【例 9-11】 用<c:forEach>标签遍历 Map 对象的实例,过程如下。

第 1 步,在项目的 WebRoot 目录中新建 n911forEachMap.jsp 文件,代码如下。

```
<%@ page language="java" pageEncoding="utf-8" import="java.util.*" %>
<%@ taglib uri="http://java.sun.com/jsp/jstl/core" prefix="c"%>
<html>
<head><title>n911forEachMap.jsp</title></head>
<body>
<%
    Map<String,String> scInfo = new HashMap<String,String>();
    scInfo.put("title", "惠州西湖同学会 [五律·新韵]");
    scInfo.put("author", "鹭汀居士");
    scInfo.put("content", "分别超卅载,今日粤东逢。会聚鹅城内,闲聊柳浪中。西湖千韵
溢,鸟岛万声融。友挚言难尽,情真品倍浓。");
    scInfo.put("date", "2023 年 9 月 9 日");
    session.setAttribute("scInfo",scInfo);
%>
<c:forEach var="sc" items="${scInfo}">
    ${sc.key}:${sc.value}<br>
</c:forEach>
</body>
</html>
```

第 2 步,测试以上代码。在浏览器中输入网址:

```
http://localhost/Web9ELorJSTL/n911forEachMap.jsp
```

实例运行结果如图 9-13 所示。

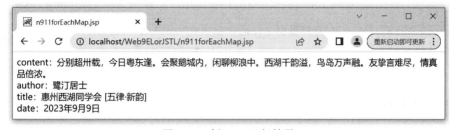

图 9-13　例 9-11 运行结果

下面再设计一个用＜c:forEach＞标签遍历 List 对象的实例，如例 9-12 所示。

【例 9-12】　用＜c:forEach＞标签遍历 List 对象的实例，过程如下。

第 1 步，在项目的 WebRoot 目录中新建 n912forEachList.jsp 文件，代码如下。

```
<%@ page language="java" pageEncoding="utf-8" import="java.util.*"%>
<%@ taglib uri="http://java.sun.com/jsp/jstl/core" prefix="c"%>
<html>
<head><title>n912forEachList.jsp</title></head>
<body>
<%
    List<String> university = new ArrayList<String>();
    university.add("北京大学");
    university.add("清华大学");
    university.add("上海交通大学");
    session.setAttribute("univ", university);
%>
<c:forEach  var="edu" items="${univ}" varStatus="status" >
    ${edu}在国内是第${status.count}名<br>
</c:forEach>
</body>
</html>
```

第 2 步，测试以上代码。在浏览器中输入网址：

```
http://localhost/Web9ELorJSTL/n912forEachList.jsp
```

实例运行结果如图 9-14 所示。

图 9-14　例 9-12 运行结果

7. <c:forTokens>标签

该标签用"分隔符"分隔字符串,与 Java 中的 split()方法类似,其语法格式如下。

<c:forTokens [var="循环变量"] items="字符串" delims="分隔符"
[varStatus="元素状态"] [begin="开始索引"] [end="结束索引"]
[step="迭代步长"]>
　　　标签体
</c:forTokens>

说明,以上标签的功能与<c:forEach>标签类似,不同的是 var 的"循环变量"是从 items 的"字符串"中按"分隔符"取值,不是从"集合对象"取值。下面设计一个用<c:forTokens>标签遍历字符串的实例,如例 9-13 所示,其运行结果与例 9-12 相同。

【例 9-13】 用<c:forTokens>标签遍历字符串的实例,过程如下。

第 1 步,在项目的 WebRoot 目录中新建 n913forTokensTest.jsp 文件,代码如下。

```
<%@ page language="java" pageEncoding="utf-8" import="java.util.*"%>
<%@ taglib uri="http://java.sun.com/jsp/jstl/core" prefix="c"%>
<html>
<head><title>n913forTokensTest.jsp</title></head>
<body>
<%
    String university="北京大学,清华大学,上海交通大学";
    session.setAttribute("univ", university);
%>
<c:forTokens var="edu"  items="${univ}" delims="," varStatus="status">
    ${edu}在国内是第${status.count}名<br>
</c:forTokens>
</body>
</html>
```

第 2 步,测试以上代码。在浏览器中输入网址:

```
http://localhost/Web9ELorJSTL/n913forTokensTest.jsp
```

程序运行结果与例 9-12 相同。

8. <c:url>和<c:param>标签

以上两个标签通常一起使用,其中,<c:url>标签用于定义链接地址 URL,<c:param>标签用于将参数传给 URL,下面分别介绍。

1) 标签<c:url>

该标签分为以下两种语法格式。

语法 1: 没有标签实体的情况。

<c:url value="URL 地址" var="变量名" [scope="作用域"]
[context="/Web 应用名"]/>

语法 2: 有标签实体的情况,在标签体中指定 URL 参数。

<c:url value="URL 地址" var="变量名" [scope="作用域"]

```
[context="/Web应用名"]>
    URL参数
</c:url>
```

功能是将 value 的"URL 地址"存储到 var 的"变量名"中。其中, scope 指定作用域,可以是 page、request、session 或 application, 默认值为 page。context 指定资源的项目名。该标签具有重写功能,即当浏览器禁用 Cookie 时,使用该标签可以实现 response.encodeURL()方法对 URL 重写功能。

2) 标签＜c:param＞

该标签用于在 URL 地址中附加参数信息,通常嵌套在＜c:url＞标签或＜c:redirect＞标签的实体中使用,有以下两种语法格式。

语法 1:使用 value 属性指定参数的值。

```
<c:param name="参数名" value="参数值" />
```

语法 2:在标签体中指定参数的值。

```
<c:param name="参数名" >
    参数值
</c:param>
```

下面设计一个用＜c:url＞和＜c:param＞标签实现用户登入功能的程序实例,如例 9-14 所示。

【例 9-14】 用＜c:url＞和＜c:param＞标签实现用户登入功能,过程如下。

第 1 步,在项目的 WebRoot 目录中新建包含登入链接的网页,代码如下。

```
<%@ page language="java" pageEncoding="utf-8" import="java.util.*" %>
<%@ taglib uri="http://java.sun.com/jsp/jstl/core" prefix="c"%>
<html>
<head><title>n914urlParamTest.jsp</title></head>
<body>
<c:url var="myURL" value="n914webLogin.jsp">
        <c:param name="myName" value="jsj" />
        <c:param name="myPsw" value="123" />
</c:url>
<a href="${myURL}">请登入网站</a><br>
</body>
</html>
```

第 2 步,在项目的 WebRoot 目录中新建包含校检功能的网页,代码如下。

```
<%@ page language="java" pageEncoding="UTF-8"%>
<%@ taglib uri="http://java.sun.com/jsp/jstl/core" prefix="c"%>
<html>
<head><title>n914webLogin.jsp</title></head>
<body>
<c:choose>
    <c:when test="${(param.myName=='jsj')&&
```

```
                        (param.myPsw=='123')}">
        欢迎${param.myName}光临本网站。
    </c:when>
    <c:otherwise>
        您的用户名或密码错误。
    </c:otherwise>
</c:choose>
</body>
</html>
```

第3步,测试以上代码。在浏览器中输入网址:

```
http://localhost/Web9ELorJSTL/n914urlParamTest.jsp
```

程序运行结果如图9-15所示。

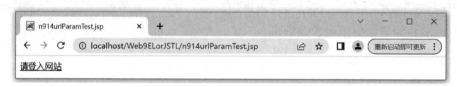

(a) 显示登入链接

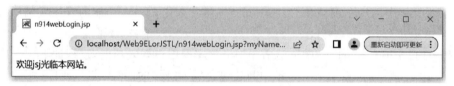

(b) 单击链接后的结果

图 9-15　例 9-14 运行结果

9. <c:redirect>标签

该标签用于实现重定向功能,如果 URL 需要包含参数,则与 param 标签一起使用,在例 9-9 中应用过,其语法格式有以下两种。

语法 1: 没有标签实体的情况。

<c:redirect url="目标 URL" [context="Web 应用名"]/>

语法 2: 有标签实体的情况,通常在标签体中指定 URL 参数。

<c:redirect url="目标 URL" [context="Web 应用名"]>
　　URL 参数
</c:redirect>

例如,修改例 9-14 中的以下代码。

```
<c:url var="myURL" value="n914webLogin.jsp">
    <c:param name="myName" value="jsj" />
    <c:param name="myPsw" value="123" />
</c:url>
```

用＜c:redirect＞标签替代＜c:url＞标签如下。

```
<c:redirect url="n914webLogin.jsp">
    <c:param name="myName" value="jsj" />
    <c:param name="myPsw" value="123" />
</c:redirect>
```

则实现带参数重定向到 n914webLogin.jsp 页面的功能。

10.＜c:import＞标签

该标签用于导入其他资源,功能类似于 JSP 的＜jsp:include＞标签,语法格式如下。

＜c:import url="URL 地址" [var="变量名"]
[charEncoding="字符编码"][scope="作用域"]
[context="Web 应用名"][varReader="I/O 流的 Reader 类型对象"] />

其中,url 保存被导入网页的网址,可以是相对路径或者绝对路径;var 定义用来存储被导入网页内容的变量;charEncoding 用来设置被导入网页的字符编码;scope 指定 var 变量的作用域,包含 page、request、session 和 application 4 种;context 用来指定网页的项目名;varReader 用于提供 I/O 流的 java.io.Reader 类型对象,它很少使用。

下面设计一个用＜c:import＞标签输出某网站源代码的实例,如例 9-15 所示。

【例 9-15】 用＜c:import＞标签输出某网站源代码的实例,过程如下。

第 1 步,在项目的 WebRoot 目录中新建 n915importTest.jsp 网页,代码如下。

```
<%@ page language="java" contentType="text/html; charset=UTF-8" %>
<%@ taglib uri="http://java.sun.com/jsp/jstl/core" prefix="c"%>
<!DOCTYPE html>
<html>
<head><title>n915importTest.jsp</title></head>
<body>
  <c:import url="http://mooc1.chaoxing.com/course/219097085.html" var="data"
charEncoding="UTF-8"/>
  <!-- 以下标签输出 url 网页的源代码 -->
  URL 的内容:<c:out value="${ data }" escapeXml="true"/>
</body>
</html>
```

第 2 步,测试以上代码。在浏览器中输入网址:

```
http://localhost/Web9ELorJSTL/n915importTest.jsp
```

程序的运行结果是输出 Python 教学网站的源代码,如果把 escapeXml 的属性值改为 "false",则打开 Python 教学网站,读者可以自己测试一下。

9.3 本章小结

本章主要介绍了 EL 的基本语法和常见 EL 内置对象的使用方法,以及 JSTL 标签库的安装、测试和应用方法。通过多个实例,可使读者学会使用 EL 表达式和 JSTL 的 Core 标签库进行 Web 程序设计。

9.4　实验指导

1. 实验名称

EL 表达式和 JSTL 标签库的应用。

2. 实验目的

(1) 掌握 EL 表达式的语法和 EL 内置对象。

(2) 掌握 JSTL 的 Core 标签库的下载和安装。

(3) 学会应用 EL 和 JSTL 进行 Web 程序设计。

3. 实验内容

(1) 设计一个 EL 表达式的应用实例。

(2) 设计一个 JSTL 标签库的应用实例。

9.5　课后练习

一、判断题

1. EL 表达式中条件运算符用于执行某种条件判断，它类似于 Java 语言中的 if-else 语句。　　　　　　　　　　　　　　　　　　　　　　　　　　　（　）

2. 用 ${ cookie.JSESSIONID.value } 可以获取 Cookie 对象的 ID 值。　　（　）

3. 用 ${ cookie.url } 表达式可以获取 Cookie 对象 url 的名称。　　　（　）

4. EL 表达式中的内置对象与 JSP 中的内置对象除了 pageContext 对象是它们共有的，其他内置对象则毫不相关。　　　　　　　　　　　　　　　　　　　（　）

5. 对象 header 和 headerValues 属于 String 类型。　　　　　　　　（　）

6. empty 是 EL 中的空运算，用于判断某个对象是否为 null 或 "" 或没有定义，结果为布尔值。　　　　　　　　　　　　　　　　　　　　　　　　　　　（　）

7. <c:set>标签的缺点是只能给普通变量赋值。　　　　　　　　　（　）

8. <c:forTokens>的功能是从集合中取元素到 var 的循环变量中执行标签体。
　　　　　　　　　　　　　　　　　　　　　　　　　　　　　　（　）

9. 标签<c:param>用于在 URL 地址中附加参数信息，它通常嵌套在<c:url>标签或<c:redirect>标签的实体中使用。　　　　　　　　　　　　　　　　　　（　）

10. EL 表达式中的变量不用事先定义就可以直接使用。　　　　　　　（　）

11. EL 中的 page 表示作用域是页面。　　　　　　　　　　　　　　（　）

12. EL 的内置对象 param 和 paramValues 可以获取客户端传递来的请求参数值。
　　　　　　　　　　　　　　　　　　　　　　　　　　　　　　（　）

13. 对象 header 对应于 request 的 getHeader(String name)方法。　　（　）

14. 标签<c:forEach>的循环变量是从 items 的"字符串"中按"分隔符"取值。（　）

15. Core 标签库的<c:url>标签具有重写功能。　　　　　　　　　　（　）

二、填空题

1. EL 以_____符号开始,以_____符号结束,用来取指定表达式的值。

2. EL 中提供的内置对象有_____个;例如,对象_____代表当前 JSP 页面的运行环境,即页面上下文;对象_____用于获取 web.xml 中<context-param>内的参数值;对象_____用于获取单个值的请求头信息。

3. JSP 可以使用_____指令导入 Core 标签库。

4. Core 标签库的标签_____用于将一段文本内容或表达式结果输出到客户端,标签_____用于在指定范围内设置变量或属性的值。

5. Core 标签库的标签_____是类似 Java 中的 if 语句的条件标签,标签_____是类似 Java 中的 for 语句的循环标签。

6. Core 标签库的标签_____用于 URL 重写,标签_____实现重定向。

7. EL 表达式的_____内置对象用于获取客户端的 Cookie 信息。

8. EL 中的标识符可以由大小写字母、_____和_____组成,但不能以_____开头,不能使用 EL 中的保留字和内置对象。

9. EL 中包含 pageScope、_____、sessionScope 和_____4 个内置对象。

10. 表达式 ${_____}可以获取请求中指定参数名的某索引号的参数值,表达式 ${_____}获取请求中指定参数名的参数值。

11. EL 表达式中可以使用 ${_____} 表达式来获取 web.xml 配置文件中给定参数名称的参数值。

12. 标签库_____称为核心标签库,包含实现 Web 应用的通用操作标签。

13. <c:choose>的标签体中嵌套一个或多个_____标签和零个或一个<c:otherwise>标签。

14. Core 标签库的_____标签类似于 Java 中的 for 循环语句。

15. 要导入其他资源,可以使用 Core 标签库的_____标签。

三、简答题

1. 简述什么是 JSP 自定义标记。

2. 简述定义 EL 标识符的规范。

四、程序填空题

1. 以下代码的功能是用 param 参数对象获取表单提交的圆半径,然后计算圆面积,并且将它们显示出来,请按要求填写下画线部分的代码。

```
<%@ page language="java" contentType="text/html;
charset=utf-8" %>
<html>
<head><title>n11paramTest.jsp</title></head>
<body>
<form action="n11paramTest.jsp">
    半径:<input type="text" name="R"><br />
    <input type="submit" value="提交" /> 
    <input type="reset" value="重置" />
</form>
```

```
<hr>
半径为${_____①_____} 的圆的面积是:${_____②_____}
</body>
</html>
```

2. 以下代码的功能是测试 EL 的 4 大作用域,请按要求填写下画线部分的代码。

```
<%@ page language="java" contentType="text/html;
charset=utf-8" %>
<html><head><title>EL 的 4 大作用域测试</title></head>
<body>
<h4>设置不同作用域的 sc 属性的值</h4>
<%
    pageContext.setAttribute("sc","page 变量");
    request.setAttribute("sc","request 变量");
    session.setAttribute("sc","session 变量");
    application.setAttribute("sc","application 变量");
%>
<h4>获取不同作用域的 sc 属性的值</h4>
    页面中的 sc 是:${_____①_____} <br>
    请求中的 sc 是:${_____②_____} <br>
    会话中的 sc 是:${_____③_____} <br>
    应用中的 sc 是:${ applicationScope.sc } <br>
</body>
</html>
```

五、程序分析题

1. 已知 web.xml 文件中包含以下配置初始化参数的代码。

```
<context-param>
    <param-name>name</param-name>
    <param-value>鹭汀居士</param-value>
</context-param>
<context-param>
    <param-name>myUrl</param-name>
    <param-value>https://baijiahao.baidu.com/u? app_id=1673046887289801</param
-value>
</context-param>
```

请写出以下代码的运行结果。

```
<%@ page language="java" contentType="text/html; charset=utf-8" %>
<html>
<head><title>n1105initParamTest.jsp</title></head>
<body>
    大家好,欢迎光临 ${ initParam.name }的诗词网站,请单击
    <a href="${ initParam.myUrl }">鸥鹭诗汀百家号</a>链接。
</body>
</html>
```

2. 请写出访问以下 JSP 页面的运行结果。

```jsp
<%@ page language="java" contentType="text/html;charset=utf-8"
    import="java.util.* "%>
<%@ taglib uri="http://java.sun.com/jsp/jstl/core" prefix="c"%>
<html>
<head><title>z11welcome1.jsp</title></head>
<body>
    <c:choose>
        <c:when test="${empty param.username}">
            无名用户登入
        </c:when>
        <c:when test="${param.username=='sdjsj' }">
            ${ param.username} 老师来了
        </c:when>
        <c:otherwise>
            欢迎学生登入
        </c:otherwise>
    </c:choose>
</body>
</html>
```

3. 请写出访问以下 JSP 页面的运行结果。

```jsp
<%@ page language="java" pageEncoding="utf-8" import="java.util.* " %>
<%@ taglib uri="http://java.sun.com/jsp/jstl/core" prefix="c"%>
<html>
<head><title>n1111forEachMap.jsp</title></head>
<body>
<%
    Map<String,String> stu = new HashMap<String,String>();
    stu.put("202201", "张三");
    stu.put("202202", "李四");
    stu.put("202203", "王二");
    session.setAttribute("stu",stu);
%>
<c:forEach  var="s" items="${stu}" >
    学号${s.key}的学生是:${s.value}<br>
</c:forEach>
</body>
</html>
```

4. 分析以下代码并写出程序的功能。

```jsp
<%@ page language="java" contentType="text/html; charset=utf-8"
pageEncoding="utf-8"%>
<%@taglib prefix="c" uri="http://java.sun.com/jsp/jstl/core"%>
<html>
<head><title>z11welcome2.jsp</title></head>
```

```
<body>
    <form action="${pageContext.request.contextPath}/ z11welcome2.jsp">
        <c:if test="${empty param.username}">
            用户名:<input type="text" name="username">
            <input type="submit" value="submit" /><br />
        </c:if>
        <c:if test="${not empty param.username}">
            欢迎 ${param.username} 光临!<br />
        </c:if>
    </form>
</body>
</html>
```

5. 分析下列程序并写出程序的功能。

```
<%@ page language="java" contentType="text/html; charset=utf-8" %>
<%@ taglib uri="http://java.sun.com/jsp/jstl/core" prefix="c"%>
<html>
<head><title>z11ELorJSTL01.jsp</title></head>
<body>
<c:forEach var="m" begin="1" end="9">
    <c:forEach var="n" begin="1" end="${ m }">
        <c:out value="${m} * ${n}=${m * n}" />
    </c:forEach>
    <br>
</c:forEach>
</body>
</html>
```

六、程序设计题

1. 用<c:out>标签模仿例 9-7 设计一个显示以下诗词内容的程序。

夏夜田间 [七绝·平水韵]
文/鹭汀居士:
月立枝头树影长,田间漫步赏萤光。
清风拂穗婆娑舞,蛙鼓虫鸣稻谷香。
2021 年 7 月 22 日

2. 用<c:set>标签模仿例 9-8 设计一个显示以下诗词内容的程序。

乡村中秋傍晚 [七绝·平水韵]
文/鹭汀居士:
丘尾村头袅袅烟,彩霞大雁画蓝天。
农夫闲坐摇芭扇,枫染斜阳到水边。
2021 年 9 月 15 日

3. 用<c:set>标签模仿例 9-8 设计一个显示页面访问次数的程序。

第10章

JDBC数据库应用

视频讲解

📖**本章学习目标:**

- 能正确安装与配置 MySQL,并且熟练应用 Navicat 软件设计数据库。
- 能准确说明 JDBC 的总体结构和常用 API。
- 能正确说明 JDBC 接口包含的主要方法和功能。
- 能正确说明 JDBC 数据库编程的步骤。
- 能熟练利用 JDBC 编写 Web 访问数据库的代码。

📖**主要知识点:**

- JDBC 应用程序接口。
- JDBC 数据库编程步骤。

📖**思想引领:**

- 介绍数据库设计和软件开发各阶段可能出现的问题与瓶颈。
- 让学生明白社会发展过程中,社会新问题也会不断迭代和优化处理。
- 培养学生主动学习的积极性,提高学生的社会适应能力。

在 Web 网站开发中,经常要使用数据库来存储和管理数据,例如,使用 Oracle、MySQL、SQL Server、DB2 等。为了支持 Java 语言访问这些数据库,Sun 公司于 1996 年提供了一套访问它们的 Java 数据库连接(Java Database Connectivity,JDBC)标准库。本章以访问 MySQL 数据库为例,介绍 JDBC 的使用方法。

10.1 MySQL 开发平台的搭建

MySQL 是瑞典 MySQLAB 公司开发的小型关系型数据库管理系统,被广泛应用在 Internet 上的中小型网站中,2008 年 1 月 16 日被 Sun 公司收购,它是市场上非常流行的数据库。本章以访问 MySQL 数据库为例,介绍 JDBC 的使用方法。

10.1.1 MySQL 的安装和配置

MySQL 具有体积小、速度快、总体拥有成本低并且开放源码等优点,所以它被许多中小型公司和 Java EE 编程者作为首选数据库,下面介绍其安装与配置方法。

1. MySQL 服务器的安装

MySQL 的安装比较简单,在官网下载相关版本的 MySQL,如 Windows 版的 MySQL5.1,然后按以下步骤安装即可。

（1）双击下载的 MySQL 解压文件（如 mysql-essential-5.1.50-win32.msi）进入安装向导。选择 Typical 后单击 Next 按钮进入下一步。

（2）进入选择安装目录界面,选择 MySQL 5.1 的安装目录,确认后单击 Install 按钮开始安装。

（3）安装完相关组件后,出现 MySQL 登入或 MySQL.com 账号注册对话框,如图 10-1 所示。选择 Skip Sign-Up 单选按钮,单击 Next 按钮跳过这一步,直到最后单击 Finish 按钮结束安装。

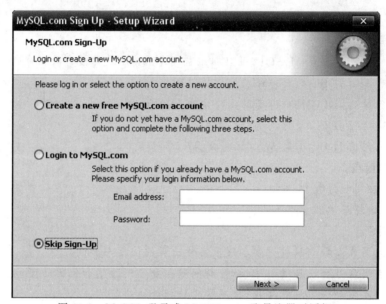

图 10-1　MySQL 登录或 MySQL.com 账号注册对话框

MySQL 安装完成后,如果想马上对 MySQL 服务器进行配置,则选择 Config the MySQL server now 复选框进入配置向导。当然,也可以选择以后再配置。

2. MySQL 服务器的配置

在使用 MySQL 前,要先对 MySQL 服务器进行配置,如果前面安装完 MySQL 后没有马上进行配置,则可按以下步骤进行配置。

（1）进入配置向导。方法是:打开 Windows 的"开始"菜单,选择 MySQL 的 MySQL Server Instance Config Wizard 子菜单,单击 Next 按钮,出现如图 10-2 所示的配置方式选择对话框。

（2）通常选择 Detailed Configuration 单选按钮进行详细配置,然后单击 Next 按钮,进行服务器类型选择,通常选择 Developer Machine。

（3）单击 Next 按钮进入数据库用途选择对话框,通常选择 Multifunctional Database,如图 10-3 所示。

（4）单击 Next 按钮,进入 InnoDB 表空间设置对话框,这里可以修改 InnoDB 表空间文件的存储位置,默认位置是 MySQL 服务器的数据目录,如图 10-4 所示。

（5）单击 Next 按钮进入并发连接选择对话框,这里选择 Decision Support (DSS) / OLAP。

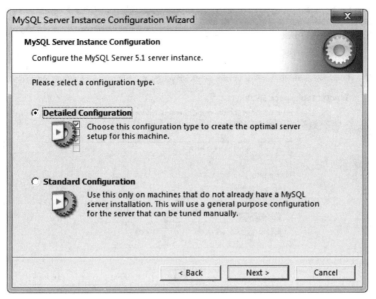

图 10-2 配置方式选择对话框

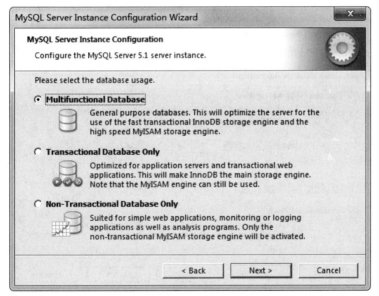

图 10-3 数据库用途选择对话框

　　(6) 然后进入联网选项设置对话框,如图 10-5 所示。默认情况是启用 TCP/IP 网络,默认连接端口为 3306,通常不修改,直接单击 Next 按钮进入下一步。

　　(7) 前面的选项一直是按默认设置选择的,现在进入字符集选择对话框,为了支持中文,需要做一些修改。选中 Manual Selected Default Character Set/Collation 单选按钮,在 Character Set 下拉列表框中将 latin1 修改为 utf8 或 gb2312,如图 10-6 所示。

　　(8) 单击 Next 按钮进入服务选项对话框,服务名为 MySQL,通常不修改。

　　(9) 单击 Next 按钮进入安全选项设置对话框,如图 10-7 所示,在密码输入框中输入

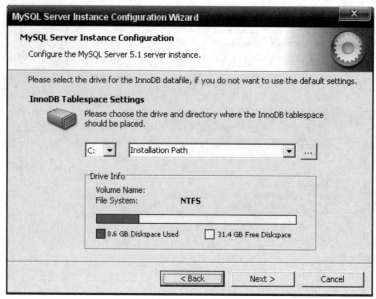

图 10-4　InnoDB 表空间设置对话框

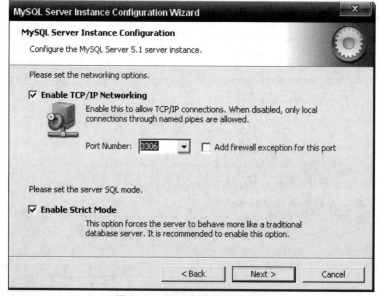

图 10-5　联网选项设置对话框

root 用户的密码和确认密码。由于本次安装是用于教学,为了方便记忆,密码设置为 root,与用户名相同。

(10) 设置完毕后,单击 Execute 按钮提交配置。

(11) 测试前面的安装与配置是否正确。方法是:打开 Windows 的"开始"菜单,选择 MySQL Server 5.1 中的 MySQL Commend Line Client 子菜单进入 MySQL 控制的 DOS 客户端,在该 DOS 客户端输入前面设置的密码,以 root 用户身份登录 MySQL 服务器,如果出现 mysql>命令行提示,则表示登录成功,如图 10-8 所示。

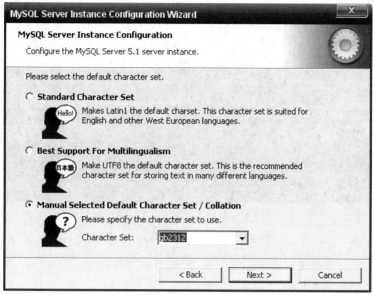

图 10-6　字符集选择对话框

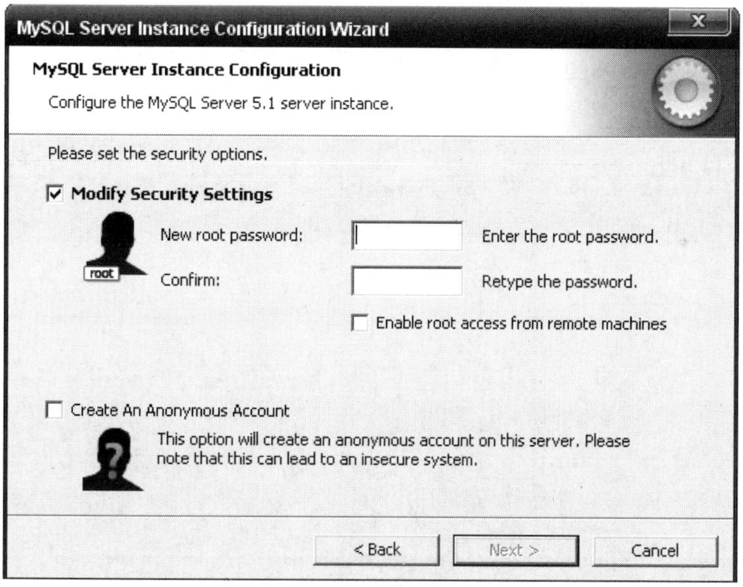

图 10-7　安全选项设置对话框

此时可以输入 SQL 命令操作 MySQL 数据库了。例如，输入 show variables like 'character_%';命令可查看 MySQL 服务器设置的字符编码。

当然，为了方便用户管理数据库，安装和配置 MySQL 以后，通常再安装一个 Navicat for MySQL 软件，该软件是窗口操作方式，比 DOS 命令行方式更加方便操作。

10.1.2　Navicat 软件的应用

Navicat 是一款为 MySQL 设计的功能强大的 SQL 数据库管理与开发软件，它可以与 3.21 或以上版本的 MySQL 一起工作。它具有良好的图形用户界面(GUI)，支持大部分的

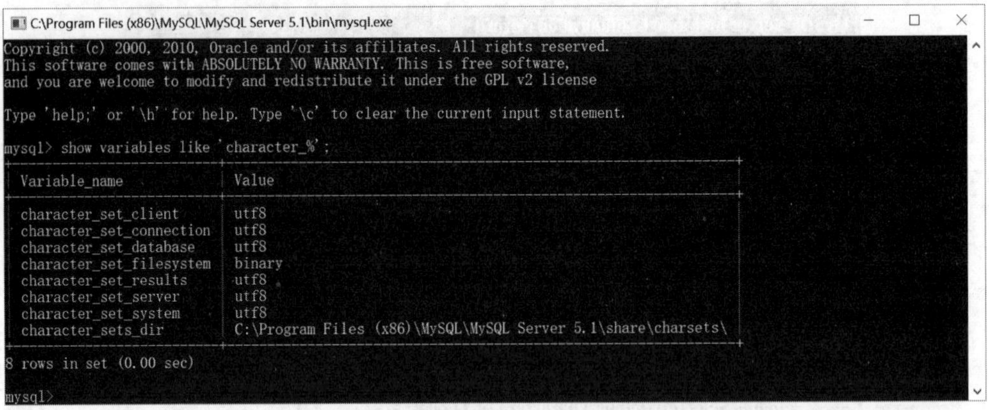

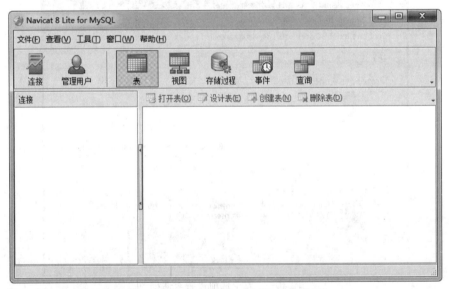

图 10-8　MySQL 控制的 DOS 客户端

MySQL 最新功能，如触发器、存储过程、函数、事件、视图、用户管理等。开发人员使用 Navicat 软件能以安全简便的方式快速创建、组织和访问数据库。

1. Navicat 的安装与配置

Navicat 的安装很简单，在官网下载相关版本的软件，如 navicat8lite_mysql_cs 免费版.exe，然后按向导安装即可，Navicat for MySQL 软件界面如图 10-9 所示。

图 10-9　Navicat for MySQL 软件界面

从图 10-9 可以看出，软件还没有创建与数据库的连接，可以选择 Navicat 的"文件"菜单中的"创建连接"子菜单，或单击工具栏中的"连接"按钮来创建一个连接，这时会弹出 Navicat 创建连接对话框，如图 10-10 所示。输入连接名（如 MySQLdata）和安装 MySQL 时配置的端口号（如 3306）、用户名（如 root）和密码（如 root），单击"连接测试"按钮，如果出现"连接成功"子对话框，则说明输入的密码等信息正确。

单击"确定"按钮两次，数据库的连接创建成功，下面介绍如何用 Navicat 创建数据库和表。

图 10-10 Navicat 创建连接对话框

2. SQL 数据库和表的创建

在 Navicat 中创建连接成功后,打开刚才创建的 MySQLdata 连接,方法是用鼠标右键单击 MySQLdata 连接,选择"打开连接"菜单即可,Navicat 的"打开连接"菜单如图 10-11 所示。

图 10-11 Navicat 的"打开连接"菜单

连接 MySQLdata 打开后，发现 MySQL 中已经创建了一些示范数据库，可以用鼠标右键单击它，选择"打开数据库"来打开它们，下面学习如何创建数据库和表。

（1）创建 SQL 数据库。方法是用鼠标右键单击 MySQLdata 连接，选择"创建数据库"菜单，在弹出的对话框中输入数据库名（如诗词数据库的 scData），字符集可以按安装数据库时设置的默认值，或重新选择 utf8 或 gb2312 来支持中文，Navicat 的数据库创建对话框如图 10-12 所示。

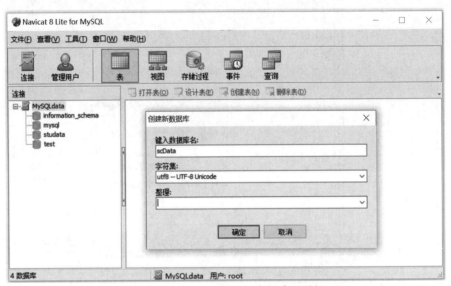

图 10-12　Navicat 的数据库创建对话框

数据库创建好后，就可以创建表了。

（2）创建 SQL 表。下面准备在前面创建的 scData 数据库中创建一个 scInfo 诗词信息表，该表的数据结构如表 10-1 所示。

表 10-1　诗词信息表 scInfo 的数据结构

字　　段	描　　述	类　　型	主　外　键	是　否　空
id	ID	int(10)	主键	非空
title	诗词标题	varchar(30)		非空
type	诗词种类	tinyint(1)		非空
content	诗词内容	varchar(100)		
author	作者	varchar(10)		
fbDate	发表日期	date		

按照以下步骤创建表格。方法是：先打开前面创建的 scData 数据库，然后用鼠标右键单击 scData 数据库中的"表"项，选择"创建表"菜单，输入表 10-1 中的信息，选择 id 字段，单击工具栏中的"主键"按钮，选择下面的"自动递增"复选框，单击工具栏中的"保存"按钮，在弹出的对话框中输入表名（如 scInfo），Navicat 的表格创建对话框如图 10-13 所示。

表创建好后，可以向表中添加数据。

图 10-13　Navicat 的表格创建对话框

（3）向 SQL 表添加记录。例如，在 scInfo 表中添加诗词信息，方法是双击刚才创建的 scInfo 表，打开该表后输入两首诗或词作为表记录，添加表记录对话框如图 10-14 所示。

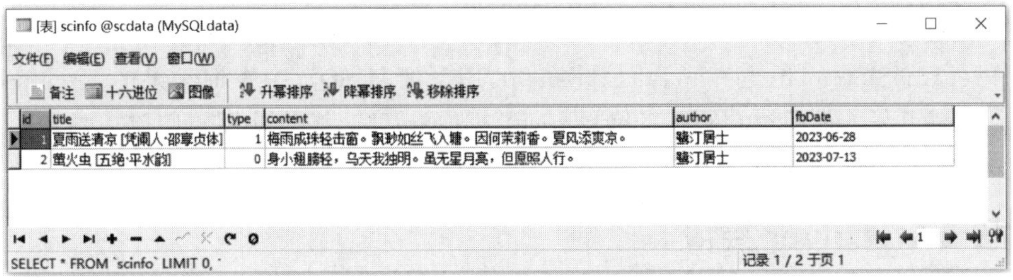

图 10-14　添加表记录对话框

数据库和表创建完毕，下面学习 JDBC 的 API 的相关知识，以及如何使用 JDBC 编写数据库的访问程序。

10.2　JDBC 的总体结构

JDBC 是 Java Database Connectivity（Java 数据库连接）的缩写，它是一个基于 Java 的面向对象的应用编程接口，提供了一套访问关系数据库的 Java 标准类库，应用这些类库可以执行 SQL 语句。JDBC 接口包含两个层次，一个是面向软件开发人员的 JDBC API，另一个是面向数据库厂商的 JDBC Drive API。JDBC 的总体结构由 Java 应用程序、JDBC 驱动程序管理器、数据库驱动程序和数据源 4 个组件构成，如图 10-15 所示。

从图 10-15 中可以看出，JDBC 在应用程序与数据库之间起到了一个桥梁作用，应用程序使用 JDBC 通过数据库驱动程序连接到对应的关系型数据库，然后使用 SQL 语句来完成对相关数据库的查询、更新、新增和删除等操作，而不必直接与底层的数据库交互，这提高了代码的通用性和安全性。

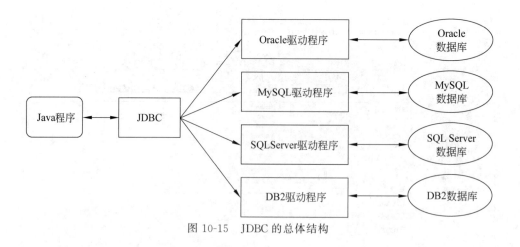

图 10-15　JDBC 的总体结构

10.3　JDBC 应用程序接口

为了访问不同种类的数据库,JDBC 提供了许多接口和类。例如,给数据库厂商使用的 Driver 接口,管理数据库驱动程序和创建与数据库连接 ManagerDriver 类,创建会话对象与访问存储过程对象的 Connection 接口,为 SQL 语句提供执行环境的 Statement 接口及其子接口 PreparedStatement 与 CallableStatement,用于保存 SQL 的查询结果的 ResultSet 接口等。软件开发人员通过它们可以编写访问数据库的程序,不过使用它们前需要导入 java.sql.* 这个包,下面分别介绍。

10.3.1　Driver 接口

Driver 接口专门提供给数据库厂商使用,由于不同种类的数据库(如 Oracle、MySQL、SQL Server 和 DB2 等)在其内部处理数据的方式是不同的,数据库厂商提供的驱动程序也是不同的,所以必须有统一的标准结构和接口,JDBC 为所有的数据库提供了统一的 JDBC 驱动程序接口,各个数据库厂商必须按照统一的规范来提供数据库的驱动功能。

Web 程序员在编写 JDBC 程序时,需先下载相关数据库驱动程序的 JAR 包,例如,MySQL 驱动 JAR 包的下载网址详见前言二维码,本书实例中下载的是 mysql-connector-java-5.1.6.jar 版本,编写数据库访问程序前将该驱动文件放在 MyEclipse 项目的 WebRoot\WEB-INF\lib 目录下即可。

10.3.2　DriverManager 类

DriverManager 类的主要功能是管理数据库驱动程序和创建与数据库的连接,通过它加载和跟踪 JDBC 驱动程序,并获得用户与特定数据库的连接。该类的静态方法 registerDriver(Driver driver)用于向 DriverManager 中注册特定的 JDBC 驱动程序。但是,在实际开发中很少使用该方法,因为数据库启动时已经注册了相关驱动程序,程序代码中没有必要重新注册,所以通常使用 java.lang.Class 类的静态方法 forName(String driverName)来加载驱动程序。

例如,加载 MySQL 驱动程序的代码如下。

```
String driverName = "com.mysql.jdbc.Driver";
Class.forName(driverName);                          //加载 JDBC 驱动器
```

驱动程序加载后,可以使用 DriverManager 类的静态方法 getConnection(String url, String userName,String password)来获取与数据库的连接对象,其中,url、userName 和 password 分别是访问数据库的连接地址、用户名和密码。

例如,建立与 scData 数据库连接的代码如下。

```
String url="jdbc:mysql://localhost:3306/scData";
String name = "root";                               //访问数据库的用户名
String pwd = "root";                                //访问数据库的密码
Connection conn = DriverManager.getConnection(url,name, pwd);
```

当然,为了安全,通常将以上加载驱动程序和建立数据库连接的代码放在 try{ }中进行异常监视和处理。

10.3.3 Connection 接口

Connection 对象是 Java 程序与数据库连接的对象,利用前面介绍的 DriverManager 的静态方法 getConnection(String url,String userName,String password)来获取该对象,也可以从 DataSource 接口管理的数据库连接池中获取该对象。Connection 对象的主要功能是创建会话对象和 SQL 存储过程访问对象。Connection 接口的常用方法如表 10-2 所示。

表 10-2 Connection 接口的常用方法

方 法 格 式	功 能 描 述
createStatement()	创建一个 Statement 普通会话对象,去执行 SQL 语句。如: Statement stmt = conn.createStatement();
createStatement(int resultSetType, int resultSetConcurrency)	创建一个指定参数的 Statement 普通会话对象,用于随机访问。如: Statement stmt = conn.createStatement(ResultSet. TYPE_SCROLL_INSENSITIVE, ResultSet.CONCUR_READ_ONLY);
prepareStatement(String sql)	创建一个 PreparedStatement 预处理会话对象,去执行包含一个或多个"?"占位符的预处理 SQL 语句,占位符的顺序从 1 开始。如: String sql = " delete from scInfo where id = ?"; PreparedStatement pstmt=conn.prepareStatement(sql);
prepareCall(String sql)	创建一个 CallableStatement 过程调用对象,用于执行存储过程调用语句。如:String sql = "{call addscInfo('标题 1', false,'内容 1')}"; CallableStatement cstmt = conn.prepareCall(sql);
setAutoCommit(boolean autoCommit)	设置 auto-commit 模式的值,默认是 true,即自动提交操作数据
getAutoCommit()	获取连接对象的 auto-commit 的值,返回 true 或者 false
rollback()	回滚当前执行的操作,调用了 setAutoCommit(false)方法才使用
commit()	提交对数据库的更改。该方法在调用了 setAutoCommit(false)方法后才有效,否则对数据库的更改会自动提交到数据库

方　法　格　式	功　能　描　述
getMetaData()	获得一个 DatabaseMetaData 对象,其中包含关于数据库的元数据
close()	关闭数据库的连接,在使用完连接后必须关闭,否则连接会保持一段比较长的时间,直到超时。如: conn.close();
isClosed()	判断连接是否关闭,返回 true 或者 false

下面设计一个用于连接与关闭数据库的 DBConn 类,如例 10-1 所示。

【例 10-1】 用于连接与关闭数据库的 DBConn 类,设计过程如下。

第 1 步,在 MyEclipse 平台新建 Web10jdbcTest 项目,把下载的 JAR 包文件 mysql-connector-java-5.1.6.jar 复制到该项目的 WebRoot\WEB-INF\lib 目录中。

第 2 步,在该项目的 src 目录中新建 ch10 包,在 ch10 包中新建 N101DBConn 类,其代码如下。

```java
package ch10;
import java.sql.*;
public class N101DBConn {
    static {
        try {
            String driver="com.mysql.jdbc.Driver";
            Class.forName(driver);                //加载 JDBC 驱动器
        } catch (Exception ex) {
            ex.printStackTrace();
        }
    }
    public static Connection getConnection() {
        try {
            String url ="jdbc:mysql://localhost:3306/scData";
            String myName = "root";               //数据库用户名
            String myPwd = "root";                //数据库密码
            Connection conn = DriverManager.getConnection(url, myName,myPwd);
                                            //获取数据库连接对象
            System.out.println("连接数据库成功!");
            return conn;
        } catch (SQLException ex) {
            System.out.println("连接数据库失败!");
            ex.printStackTrace();
            return null;
        }
    }
    public static void close(Connection conn, Statement stm,ResultSet rs) {
        try{
            if (rs != null) rs.close();
            if (stm!=null)   stm.close();
            if (conn != null){
                conn.close();
```

```
            System.out.println("数据库连接关闭。");
        }
    } catch (SQLException ex) {
        ex.printStackTrace();
    }
}
}
```

第 3 步,在 ch10 包中新建测试连接的 N101ConnTest 类,其代码如下。

```
package ch10;
import java.sql.*;
public class N101ConnTest {
    public static void main(String[] args){
        Connection conn = N101DBConn.getConnection();    //获取连接
        N101DBConn.close(conn,null,null);                //关闭连接
    }
}
```

第 4 步,单击"运行"按钮执行 N101ConnTest.java 程序,运行结果如图 10-16 所示。

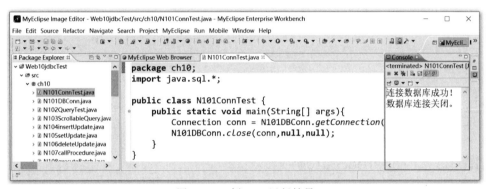

图 10-16　例 10-1 运行结果

控制台输出"连接数据库成功!"和"数据库连接关闭。"的语句,说明代码能成功连接数据库和关闭连接。

10.3.4　Statement 接口

Statement 接口对象通过 Connection 实例的 createStatement()方法获得,用于执行静态的 SQL 语句,它把 SQL 语句发送到数据库编译执行,然后返回数据库的处理结果。Statement 接口的常用方法如表 10-3 所示。

表 10-3　Statement 接口的常用方法

方 法 格 式	功 能 描 述
ResultSet executeQuery(String sql)	执行产生结果集 ResultSet 的 SQL 查询语句,如执行 Select 语句
int executeUpdate(String sql)	用于执行 INSERT、UPDATE 或 DELETE 语句以及 SQL DDL(数据定义语言)语句。方法的返回值是一个整数,表示受影响的行数(即更新数)。对于执行 CREATE TABLE 或 DROP TABLE 等不操作行的语句,则返回零

续表

方 法 格 式	功 能 描 述
boolean execute(String sql)	该方法是一个通用方法，既可以执行查询语句（返回 true），也可以执行修改语句（返回 false），通常处理动态未知的 SQL 语句，结果通过 getResultSet() 或 getUpdateCount() 方法获取
void addBatch(String sql)	将给定的 SQL 命令添加到 Statement 对象的当前命令列表中，用来执行批量 SQL 命令
void clearBatch()	清空此 Statement 对象的当前 SQL 命令列表
int[] executeBatch()	将 SQL 命令列表中的一批命令提交给数据库来执行，如果全部命令执行成功，则返回更新数组
void close()	关闭会话，释放当前 Statement 对象的数据库和 JDBC 资源

例如，以下代码是执行 SQL 的 select 查询语句。

```
Statement stmt = conn.createStatement();
String sql = "select title,type,content,author from scInfo";
ResultSet rs = stmt.executeQuery(sql);                    //执行 sql 语句
```

又如，以下代码是执行 SQL 的 insert 插入语句。

```
Statement stmt= conn.createStatement();
String sql = "insert into scInfo(title,type,content,author) values('标题 1',true,
'内容 1','王二')";
int rowCount = stmt.executeUpdate(sql);                   //执行 sql 语句
out.print("scInfo 表中添加了"+rowCount+"行。");
```

10.3.5　PreparedStatement 接口

PreparedStatement 接口是 Statement 接口的子接口，通过 Connection 接口的方法 prepareStatement(String sql) 可以创建其对象。该接口用于执行预编译语句，即执行带有参数的 sql 语句，sql 语句中的参数使用占位符"?"来表示，顺序是从 1 开始，可以用 setXxx(int n，xxx x) 方法为其赋值。其中，n 是参数序号，xxx 表示参数类型，可以是 int、float、String、Date 等，其中的 Date 类型是 java.sql.Date 类，而不是 java.util.Date 类，如 setInt(1, 1001)、setFloat(2,87.5)、setString(3,"张三") 等。由于 PreparedStatement 是预编译后执行的，所以它的执行效率比 Statement 高。

例如，以下代码是删除 scInfo 表中 author 等于"张三"的记录。

```
String sql = "delete from scInfo where author = ? ";
PreparedStatement pstm = conn.prepareStatement(sql);
pstm.setString(1,"张三");
pstm.executeUpdate();
```

10.3.6　CallableStatement 接口

CallableStatement 接口是 PreparedStatement 接口的子接口，用于执行 SQL 存储过程

的调用语句。其对象通过 Connection 接口的 prepareCall(String sql)方法创建,其中的 sql
参数是存储过程的调用语句,格式如下。

{call <过程名>[(<参数 1>,<参数 2>,…)]}

以上存储过程的参数通常包含占位符"?",编号从 1 开始,参数种类可以是输入参数
(IN 参数)或结果参数(OUT 参数)。如果占位符对应 IN 参数,则用 setXxx(int n, xxx x)
方法设置其值,如果占位符对应 OUT 参数,则用 registerOutParameter(int n, Types.种类)
方法注册。

例如,假如存储过程 getTitleById(?,?)的功能是根据 ID 查询诗词标题,其中,第 1 个
参数是 IN 参数,第 2 个参数是 OUT 参数,则执行该存储过程的代码如下。

```
String sql = "{call getTitleById(?,?)}";
CallableStatement cstm= con.prepareCall(sql);
cstm.setInt(1, 1);                              //设置 IN 参数
cstm.registerOutParameter(2, Types.VARCHAR);    //注册 OUT 参数
cstm.executeQuery();                            //执行 SQL 命令
String title = cstm.getString(2);              //提取输出结果
```

如何用 Navicat 软件创建 SQL 存储过程,在后面介绍。

10.3.7　ResultSet 接口

ResultSet 接口用于保存 JDBC 执行 SQL 查询语句时返回的结果集,该结果集封装在
一个逻辑表格中,有一个游标(指针)指向表格中的数据行,游标的初始位置是在第一行的前
面。ResultSet 接口的常用方法如表 10-4 所示。

表 10-4　ResultSet 接口的常用方法

方 法 格 式	功 能 描 述
beforeFirst()	将游标移到第一行之前
first()	将游标移到第一行
previous()	将游标移到当前位置的上一行
next()	将游标移到当前位置的下一行,当无下一行时返回 false
last()	将游标移到最后一行
afterLast()	将游标移到最后一行之后
relative(int n)	将游标相对移动 n 行
absolute(int row)	将游标移到指定行
moveToCurrentRow()	将游标移到当前行
moveToInsertRow()	将游标移到插入行
isBeforeFirst()	判断当前游标是否在第一行之前
isFirst()	判断当前游标是否在第一行

续表

方 法 格 式	功 能 描 述
isLast()	判断当前游标是否在最后一行
isAfterLast()	判断当前游标是否在最后一行之后
getXxx(int columnIndex)	获取所在行指定列的值，参数 columnIndex 是列号，从 1 开始。"Xxx"与列（字段）的数据类型有关；若列为 String 型，则方法为 getString()；若为 int型，则为 getInt()；若为浮点型，为 getFloat()和 getDouble()；若为日期类型，则为 getDate()；若为布尔类型，则为 getBoolean()。如 getInt(1)获取第 1 列的值
getXxx(String columnName)	获取所在行指定列的值，参数 columnName 表示列名（字段名），"Xxx"的含义同前面一样。如 getInt("id")
getRow()	获取当前行号

如果是用 createStatement()方法创建 Statement 对象，即创建方法中没有参数，则不能随机访问 ResultSet 中的记录，而是用 next()方法顺序访问。如果想随机访问结果集中任意位置的数据，则需要在创建 Statement 对象时设置两个 ResultSet 定义的常量，请看以下代码。

```
Statement stmt= conn.createStatement(
    ResultSet.TYPE_SCROLL_INSENSITIVE,
    ResultSet.CONCUR_READ_ONLY);
ResultSet rs= stmt.executeQuery(sql);
```

其中，常量 Result.TYPE_SCROLL_INSENSITIVE 表示结果集可滚动，常量 ResultSet.CONCUR_READ_ONLY 表示以只读形式打开结果集。

例如，以下代码查询 scInfo 表中的诗词标题、种类和内容。

```
Statement stmt= conn.createStatement();
String sql = "select title,type,content from scInfo";
ResultSet rs= stmt.executeQuery(sql);                    //执行 sql 语句
while(rs.next()){
    String title = rs.getString("title");
    Boolean type = rs.getBoolean("type");
    String content = rs.getString("content");
    out.print(title+","+type+","+content+"<br>");
}
```

掌握了 JDBC 应用程序接口，下面介绍这些接口的使用方法。

10.4　JDBC 数据库编程步骤

视频讲解

介绍了 JDBC 应用程序接口后，下面利用它们来编写访问数据库的程序，以 MySQL 数据库为例，编写该类程序的基本步骤如下。

1. 通过 Class 类加载数据库驱动程序

在例 10-1 中实现了该功能,其关键代码如下。

```
String driver="com.mysql.jdbc.Driver";
Class.forName(driver);                                    //加载驱动
```

2. 通过 DriverManager 类获取数据库连接

在例 10-1 中实现了该功能,其关键代码如下。

```
String url ="jdbc:mysql://localhost:3306/scData";
Connection conn =
    DriverManager.getConnection(url,"root","root");
```

3. 通过 Connection 对象创建会话对象

会话对象是 SQL 语句的执行环境,包含以下三种会话对象。

(1) Statement 普通会话:用 createStatement()方法创建。

(2) PreparedStatement 预编译会话:用 prepareStatement()方法创建。

(3) CallableStatement 过程调用会话:用 prepareCall()方法创建。

例如:

```
Statement stmt = conn.createStatement();
```

4. 使用会话对象执行 SQL 语句

所有的会话对象都有如下三种执行 SQL 语句的方法。

(1) execute():可以执行任何 SQL 语句。

(2) executeQuery():执行查询语句,返回结果集 ResultSet 对象。

(3) executeUpdate():执行新增、修改、删除语句,如 SQL 的 INSERT、UPDATE、DELETE 等语句,返回更新的行数。

例如:

```
String sql = "select * from scInfo";
ResultSet rs = stmt.executeQuery(sql);
```

5. 输出 ResultSet 结果集

如果第 4 步执行的是 SQL 查询语句,执行结果将返回 ResultSet 对象,该对象保存了 SQL 语句的查询结果,可以通过相关方法来取出查询结果。

6. 关闭连接、会话与结果集等资源对象

数据库操作结束后,要关闭前面打开的 Connection、Statement 与 ResultSet 对象,释放相关资源,如 conn.close(),在例 10-1 中实现了该功能。

下面用 Statement 接口设计一个诗词顺序查询功能的程序实例,该实例中调用了例 10-1 中的获取连接和关闭连接的方法,如例 10-2 所示。

【例 10-2】 诗词顺序查询功能的程序实例,设计过程如下。

第 1 步,在当前项目的 ch10 包中新建名为 N102QueryTest.java 的 Servlet 文件,其代码如下。

```java
package ch10;
import java.io.*;
import java.sql.*;
import javax.servlet.ServletException;
import javax.servlet.http.*;
public class N102QueryTest extends HttpServlet {
    private static final long serialVersionUID = 1L;
    public void doGet(HttpServletRequest request,
        HttpServletResponse response)
        throws ServletException, IOException {
        response.setContentType("text/html;charset=utf-8");
        PrintWriter out = response.getWriter();
        Connection conn = N101DBConn.getConnection();
        Statement stmt= null;
        ResultSet rs= null;
        try {
            stmt= conn.createStatement();
            //SQL 语句,查询诗词表中的标题、种类、内容、作者和发表日期
            String sql = "select title,type,content,author,fbDate
                        from scInfo";
            rs= stmt.executeQuery(sql);              //执行 sql 语句
            String title,content,author,typeStr;
            Boolean type;
            Date fbDate;
            //输出表头信息
            out.print("<table border='1' align='center'>");
            out.print("<caption>诗词信息表</caption>");
            out.print("<tr>");
            out.print("<th align='center'>标题</th>");
            out.print("<th align='center'>种类</th>");
            out.print("<th align='center'>内容</th>");
            out.print("<th align='center'>作者</th>");
            out.print("<th align='center'>发表日期</th>");
            out.print("</tr>");
            while(rs.next()){
                //输出表中的每一行查询结果
                title = rs.getString("title");
                type = rs.getBoolean("type");
                content = rs.getString("content");
                author = rs.getString("author");
                fbDate = rs.getDate("fbDate");
                out.print("<tr>");
                if(type){
                    typeStr = "古词";
                }else{
```

```
                typeStr = "古诗";
            }
            out.print("<td align='center'>"+title+"</td>");
            out.print("<td align='center'>"+typeStr+"</td>");
            out.print("<td align='center'>"+content+"</td>");
            out.print("<td align='center'>"+author+"</td>");
            out.print("<td align='center'>"+fbDate+"</td>");
            out.print("</tr>");
        }
        out.print("</table>");
    } catch (SQLException e) {
            e.printStackTrace();
    } finally{
            N101DBConn.close(conn, stmt, rs);
    }
    out.flush();
    out.close();
    }
    public void doPost(HttpServletRequest request,
        HttpServletResponse response)
        throws ServletException, IOException {
        this.doGet(request, response);
    }
}
```

第 2 步，测试以上代码。在浏览器中输入网址：

`http://localhost/Web10jdbcTest/servlet/N102QueryTest`

Servlet 的运行结果如图 10-17 所示。

图 10-17　例 10-2 Servlet 的运行结果

10.5　JDBC 数据库操作实例

数据库操作包含增、删、改、查等功能，可以通过 Statement、PreparedStatement 和 CallableStatement 接口中的方法实现，下面分别介绍它们，操作对象是前面创建的诗词信息表。

10.5.1　数据查询

从表中检索数据是用户经常访问的功能,SQL 中用 SELECT 命令实现,SQL 命令不区分大小写,其语法格式如下。

SELECT 字段 1 [AS 别名 1]…字段 n [AS 别名 n] FROM <表名> WHERE 条件 1…条件 n [limit 开始记录,个数]

JDBC 使用 Statement 或 PreparedStatement 的 executeQuery 方法执行 SQL 查询语句,返回结果集 ResultSet 对象。如例 10-2 是通过 Statement 接口实现的查询功能,下面的语句是用 PreparedStatement 接口实现查询作者为"王二"的诗词标题,其关键代码如下。

```
String sql = "select title from scInfo where author = ?";
PreparedStatement pStmt = conn.prepareStatement(sql);
pStmt.setString(1,"王二");
ResultSet rs = pStmt.executeQuery();
```

当然,如果要实现随机查询功能,则创建会话对象的方法中要包含 ResultSet.TYPE_SCROLL_INSENSITIVE 参数。下面用 Statement 接口设计一个诗词表格随机查询功能的程序实例,如例 10-3 所示,该实例中调用了例 10-1 中的获取连接和关闭连接的方法。

【**例 10-3**】　诗词表格随机查询功能的程序实例,设计过程如下。

第 1 步,在当前项目的 ch10 包中新建名为 N103ScrollableQuery.java 的 Servlet 文件,其代码如下。

```java
package ch10;
import java.io.*;
import java.sql.*;
import javax.servlet.ServletException;
import javax.servlet.http.*;
public class N103ScrollableQuery extends HttpServlet {
    private static final long serialVersionUID = 1L;
    public void doGet(HttpServletRequest request,
        HttpServletResponse response)
        throws ServletException, IOException {
        response.setContentType("text/html;charset=utf-8");
        PrintWriter out = response.getWriter();
        Connection conn = N101DBConn.getConnection();
        Statement stmt= null;
        ResultSet rs= null;
        try {
            stmt= conn.createStatement(ResultSet.
            TYPE_SCROLL_INSENSITIVE, ResultSet.CONCUR_READ_ONLY);
            //SQL 语句,用于查询诗词表中的诗词标题、作者
            String sql = "select title,author from scInfo";
            rs= stmt.executeQuery(sql);              //执行 sql 语句
            out.print("当前游标是否在第一行之前:"+
                rs.isBeforeFirst());
            out.print("<br>准备移到最后一行。");
```

```
            rs.last();
            out.print("<br>当前游标是否在最后一行:"+rs.isLast());
            out.print("<br>最后一行诗词标题:"+
                rs.getString("title") +
                ",作者:"+rs.getString("author"));
            rs.relative(1);
            out.print("<br>向后移一行,游标是否在最后一行之后:"+
                rs.isAfterLast());
            out.print("<br>准备移到第一行。");
            rs.first();
            out.print("<br>当前游标是否在第一行:"+rs.isFirst());
            out.print("<br>第一行诗词标题:"+rs.getString("title")
                + ",作者:"+rs.getString("author"));
            out.print("<br>准备移到第二行。");
            rs.absolute(2);
            out.print("<br>第二行诗词标题:"+rs.getString("title")
                + ",作者:"+rs.getString("author"));
        } catch (SQLException e) {
            e.printStackTrace();
        }finally{
            N101DBConn.close(conn, stmt, rs);
        }
        out.flush();
        out.close();
    }
    public void doPost(HttpServletRequest request,
        HttpServletResponse response)
        throws ServletException, IOException {
        this.doGet(request, response);
    }
}
```

第 2 步,测试以上代码。在浏览器中输入网址:

http://localhost/Web10jdbcTest/servlet/N103ScrollableQuery

Servlet 的运行结果如图 10-18 所示。

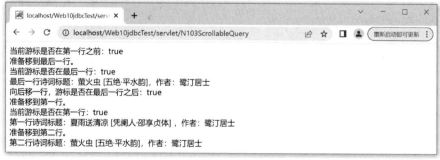

图 10-18　例 10-3 Servlet 的运行结果

10.5.2　数据添加

SQL 中使用 INSERT 命令是向表中添加一个新记录,命令不区分大小写,语法格式如下。

INSERT INTO <表名> [字段名列表] Values <值列表>

例如,INSERT INTO scInfo(title,type,content,author,fbDate) Values('标题 2', false,'内容 2','张三',"2022-03-18")是向诗词信息表(scInfo)中插入一条诗的信息。JDBC 可以使用 Statement 或 PreparedStatement 的 executeUpdate()方法执行 SQL 的插入命令。例如,向 scInfo 中插入一首诗词的标题和作者的代码如下。

```
String sql = "insert into scInfo(title,author) values('标题 3','李四');"
Statement stmt= conn.createStatement();
int rowCount = stmt.executeUpdate(sql);
```

接下来设计一个 PreparedStatement 接口实现记录插入功能的实例,如例 10-4 所示。

【例 10-4】　PreparedStatement 接口实现记录插入功能的实例,设计过程如下。

第 1 步,在当前项目的 ch10 包中新建 N104insertUpdate.java 的 Servlet 文件,其代码如下。

```
package ch10;
import java.io.*;
import java.sql.*;
import javax.servlet.ServletException;
import javax.servlet.http.*;
public class N104insertUpdate extends HttpServlet {
    private static final long serialVersionUID = 1L;
    public void doGet(HttpServletRequest request,
        HttpServletResponse response)
        throws ServletException, IOException {
        response.setContentType("text/html;charset=utf-8");
        PrintWriter out = response.getWriter();
        Connection conn = N101DBConn.getConnection();
        PreparedStatement pStmt= null;
        ResultSet rs= null;
        try {
            String sql = "";
            sql = "insert into scInfo(title,type, content, author,
                fbDate) values(?,?,?,?,?)";
            pStmt = conn.prepareStatement(sql);
            pStmt.setString(1,"凌云飞雁[平水韵]");
            pStmt.setBoolean(2,false);
            pStmt.setString(3,"晨起见飞鸿,凌云在碧空。
                何人知汝志,博弈入苍穹。");
            pStmt.setString(4,"红尘笠翁");
```

```
        pStmt.setString(5,"2023-08-06");
        int rowCount = pStmt.executeUpdate();
        out.print("scInfo 表中添加了"+rowCount+"行。");
    } catch (SQLException e) {
        e.printStackTrace();
    }finally{
        N101DBConn.close(conn, pStmt, rs);
    }
    out.flush();
    out.close();
    }
    public void doPost(HttpServletRequest request,
        HttpServletResponse response)
        throws ServletException, IOException {
        this.doGet(request, response);
    }
}
```

第 2 步,测试以上代码。在浏览器中输入网址:

```
http://localhost/Web10jdbcTest/servlet/N104insertUpdate
```

程序输出"scInfo 表中添加了 1 行。"

然后,在浏览器中输入例 10-2 的网址:

```
http://localhost/Web10jdbcTest/servlet/N102QueryTest
```

则发现 scInfo 表中添加了一行。Servlet 的运行结果如图 10-19 所示。

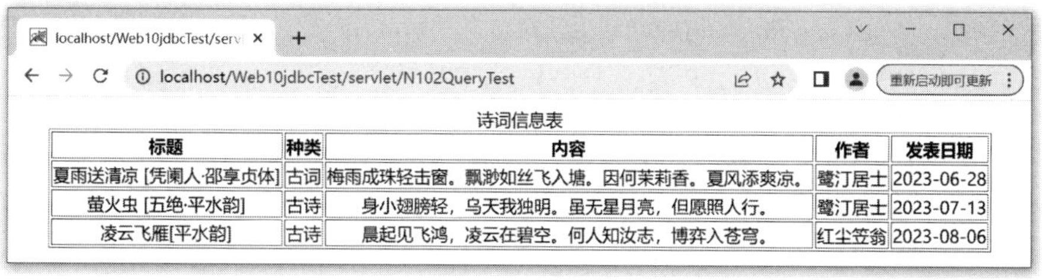

图 10-19　例 10-4 Servlet 的运行结果

10.5.3　数据修改

SQL 使用 UPDATE 命令来更新数据库中已有记录的字段值,其语法格式如下。

UPDATE <表名> SET 字段 1 = 值 1 … 字段 n = 值 n WHERE 条件 1 … 条件 n

可以使用 Statement 或 PreparedStatement 的 executeUpdate()方法执行 SQL 的数据修改命令。例如,将诗词信息表中"标题 3"的作者改为"ZhangSan"的关键代码如下。

```
String sql = "update scInfo set author='ZhangSan' where title='标题 3'";
Statement stmt= conn.createStatement();
```

```
int rowCount = stmt.executeUpdate(sql);
```

接下来设计一个 PreparedStatement 实现记录修改功能的实例，如例 10-5 所示。

【例 10-5】　PreparedStatement 实现记录修改功能的实例，过程如下。

第 1 步，在当前项目的 ch10 包中新建名为 N105setUpdate.java 的 Servlet 文件，其代码如下。

```java
package ch10;
import java.io.*;
import java.sql.*;
import javax.servlet.ServletException;
import javax.servlet.http.*;
public class N105setUpdate extends HttpServlet {
    private static final long serialVersionUID = 1L;
    public void doGet(HttpServletRequest request,
        HttpServletResponse response)
        throws ServletException, IOException {
        response.setContentType("text/html;charset=utf-8");
        PrintWriter out = response.getWriter();
        Connection conn = N101DBConn.getConnection();
        PreparedStatement pStmt= null;
        ResultSet rs= null;
        try {
            String sql = "update scInfo set author=?
                where author=? ";
            pStmt = conn.prepareStatement(sql);
            pStmt.setString(1,"鹭汀居士");
            pStmt.setString(2, "红尘笑翁");
            int rowCount = pStmt.executeUpdate();
            out.print("scInfo 表中修改了"+rowCount+"行。");
        } catch (SQLException e) {
            e.printStackTrace();
        }finally{
            N101DBConn.close(conn, pStmt, rs);
        }
        out.flush();
        out.close();
    }
    public void doPost(HttpServletRequest request,
        HttpServletResponse response)
        throws ServletException, IOException {
        this.doGet(request, response);
    }
}
```

第 2 步，测试以上代码。在浏览器中输入网址：

```
http://localhost/Web10jdbcTest/servlet/N105setUpdate
```

程序输出"scInfo 表中修改了 1 行。"

然后，在浏览器中输入例 10-2 的网址：

```
http://localhost/Web10jdbcTest/servlet/N102QueryTest
```

则发现 scInfo 表中第 3 行的作者名改为"鹭汀居士"，Servlet 的运行结果如图 10-20 所示。

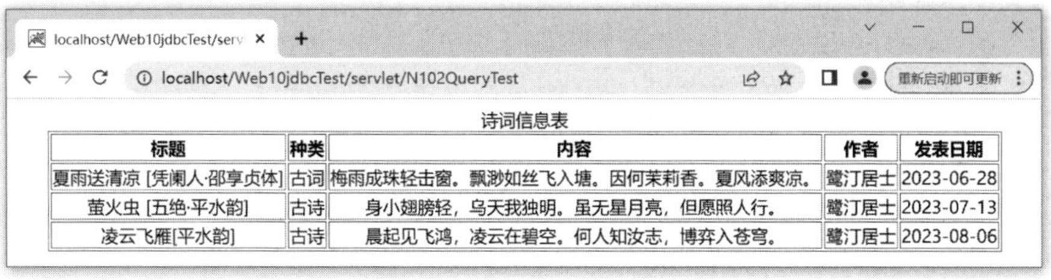

标题	种类	内容	作者	发表日期
夏雨送清凉 [凭阑人·邵享贞体]	古词	梅雨成珠轻击窗。飘渺如丝飞入塘。因何茉莉香。夏风添爽凉。	鹭汀居士	2023-06-28
萤火虫 [五绝·平水韵]	古诗	身小翅膀轻，乌天我独明。虽无星月亮，但愿照人行。	鹭汀居士	2023-07-13
凌云飞雁[平水韵]	古诗	晨起见飞鸿，凌云在碧空。何人知汝志，博弈入苍穹。	鹭汀居士	2023-08-06

图 10-20　例 10-5 Servlet 的运行结果

10.5.4　数据删除

SQL 使用 DELETE 命令删除数据库中已有记录，其语法格式如下。

DELETE FROM <表名> WHERE 条件

JDBC 使用 Statement 或 PreparedStatement 的 executeUpdate( )方法执行 SQL 删除命令。

例如，用 Statement 对象和 DELETE 语句删除诗词信息表 id 为 1 的记录代码如下。

```
String sql = "delete from scInfo where id = 1";
Statement stmt= conn.createStatement();
int rowCount = stmt.executeUpdate(sql);
```

接下来设计一个 PreparedStatement 接口实现删除功能的程序实例，如例 10-6 所示。

【例 10-6】　PreparedStatement 接口实现删除功能的程序实例，设计过程如下。

第 1 步，在当前项目的 ch10 包中新建 N106deleteUpdate.java 文件，其 Servlet 代码如下。

```java
package ch10;
import java.io.*;
import java.sql.*;
import javax.servlet.ServletException;
import javax.servlet.http.*;
public class N106deleteUpdate extends HttpServlet {
    private static final long serialVersionUID = 1L;
    public void doGet(HttpServletRequest request,
        HttpServletResponse response)
        throws ServletException, IOException {
        response.setContentType("text/html;charset=utf-8");
        PrintWriter out = response.getWriter();
```

```
Connection conn = N101DBConn.getConnection();
PreparedStatement pstmt = null;
ResultSet rs= null;
try {
    String sql = "delete from scInfo where title = ? ";
    pstmt=conn.prepareStatement(sql);
    pstmt.setString(1, "萤火虫 [五绝·平水韵]");        //参数赋值
    int rowCount = pstmt.executeUpdate();            //执行 sql 语句
    out.print("scInfo 表中删除了"+rowCount+"条记录。");
} catch (SQLException e) {
    e.printStackTrace();
}finally{
    N101DBConn.close(conn, pstmt, rs);
}
out.flush();
out.close();
}
public void doPost(HttpServletRequest request,
    HttpServletResponse response)
    throws ServletException, IOException {
    this.doGet(request, response);
}
}
```

第 2 步，测试以上代码。在浏览器中输入网址：

http://localhost/Web10jdbcTest/servlet/N106deleteUpdate

程序输出"scInfo 表中删除了 1 条记录。"

然后，在浏览器中输入例 10-2 的网址：

http://localhost/Web10jdbcTest/servlet/N102QueryTest

发现删除了 scInfo 表的第二行记录，Servlet 的结果如图 10-21 所示。

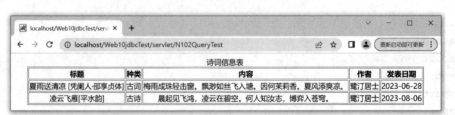

图 10-21　例 10-6 Servlet 的运行结果

10.5.5　存储过程

SQL 存储过程能提高 SQL 代码的重用性，具有运行效率高、安全性好等优点，它用 CallableStatement 接口实现，下面从存储过程的定义和调用两个方面介绍其使用方法。

1. 存储过程的定义

SQL 的存储过程定义的语法格式如下。

CREATE　PROCEDURE　过程名**(参数列表)**
BEGIN
　　　过程体
END

说明,SQL 的存储过程定义有以下三点注意事项。

(1) 存储过程体中的每条 SQL 语句的结尾必须加分号。

(2) 参数列表由多个参数构成,用逗号分隔,每个参数的格式是:参数模式　参数名 参数类型。其中,参数模式有 IN、OUT 和 INOUT 三种,分别表示输入参数、输出参数和输入输出参数。

(3) SQL 的参数类型应该包含长度信息。

例如,通过 title 查找 author 信息的存储过程 getAuthorByTitle() 的代码如下。

```
CREATE  PROCEDURE getAuthorByTitle(IN 'ctitle' varchar(30),
OUT 'cauthor' varchar(10))
BEGIN
    select author into cauthor from scInfo where title=ctitle;
END
```

其中,ctitle 是输入参数,cauthor 是输出参数,即返回结果。

2. 存储过程调用

首先,按以下格式定义 SQL 存储过程的调用语句,括号中的实参要与前面定义的存储过程形参匹配,使用问号表示。

{call 存储过程名(?,?,?)}

例如,调用前面定义的 getAuthorByTitle() 过程的代码如下。

```
String sql = "{call getAuthorByTitle(?,?)}";
```

其次,使用 CallableStatement 接口的 prepareCall() 方法创建存储过程访问的会话。
例如,

```
CallableStatement  cstmt = conn.prepareCall(sql);
```

然后,给 SQL 存储过程调用语句中的问号赋值或者注册。

如果问号为 IN 类型的参数,则使用 setXxx() 方法赋值;如果问号为 OUT 类型的参数,则使用 registerOutParameter() 方法注册。

例如,给 getAuthorByTitle(?,?) 中的问号赋值和注册的代码如下。

```
cstmt.setString(1,"标题 1");                        //设置 IN 参数
cstmt.registerOutParameter(2,Types.VARCHAR);        //注册 OUT 参数
```

最后,执行 SQL 命令和获取 OUT 参数的值,代码如下。

```
cstmt.executeQuery();                               //执行 SQL 命令
```

```
String name =cstmt.getString(2);                              //提取输出结果
```

接下来设计一个通过标题找作者的存储过程设计实例,如例 10-7 所示。

【例 10-7】　通过标题找作者的存储过程设计实例,设计过程如下。

第 1 步,在 Navicat 软件中定义存储过程,方法如下。

(1) 在 Navicat 中用鼠标右键单击数据库(如 scData)中的"存储过程",选择"创建存储过程"菜单,在弹出的对话框中选择"进程"单选框后单击"下一步"按钮,在如图 10-22 所示的过程参数输入对话框中输入过程参数。

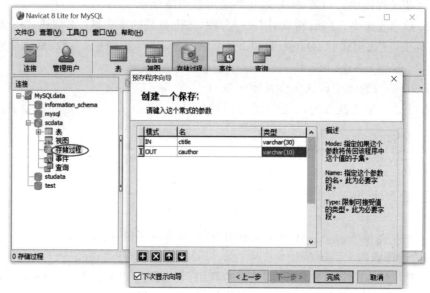

图 10-22　过程参数输入对话框

(2) 单击"完成"按钮,出现过程代码输入窗口,如图 10-23 所示。输入过程体的 SQL 代码,然后单击工具栏中的"保存"按钮,输入过程名(如 getAuthorByTitle)即可。

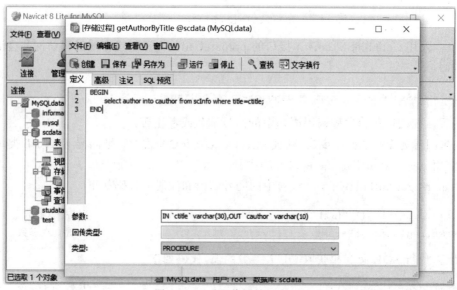

图 10-23　过程代码输入窗口

第 2 步，编程调用存储过程。方法是在当前项目的 ch10 包中新建 Servlet 文件 N107callProcedure.java，其代码如下。

```
package ch10;
import java.io.*;
import java.sql.*;
import javax.servlet.ServletException;
import javax.servlet.http.*;
public class N107callProcedure extends HttpServlet {
    private static final long serialVersionUID = 1L;
    public void doGet(HttpServletRequest request,
        HttpServletResponse response)
        throws ServletException, IOException {
        response.setContentType("text/html;charset=utf-8");
        PrintWriter out = response.getWriter();
        Connection conn = N101DBConn.getConnection();
        CallableStatement  cstmt = null;
        ResultSet  rs = null;
        String title="凌云飞雁[平水韵]";
        try {
            String sql = "{call getAuthorByTitle(?,?)}";
            cstmt = conn.prepareCall(sql);
            cstmt.setString(1,title);
            cstmt.registerOutParameter(2,Types.VARCHAR);
            cstmt.execute();
            String name =  cstmt.getString(2);
            out.print("题目:"+title+",作者:"+name);
        } catch (SQLException e) {
            e.printStackTrace();
        }finally{
            N101DBConn.close(conn, cstmt,rs);
        }
        out.flush();
        out.close();
    }
    public void doPost(HttpServletRequest request,
        HttpServletResponse response)
        throws ServletException, IOException {
        this.doGet(request, response);
    }
}
```

第 3 步，测试以上代码。在浏览器中输入网址：

http://localhost/Web10jdbcTest/servlet/N107callProcedure

Servlet 的运行结果如图 10-24 所示。

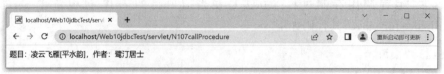

图 10-24　例 10-7 Servlet 的运行结果

10.5.6　批处理技术

在 JDBC 编程过程中，有时需要向数据库发送一批 SQL 命令去执行，如果一条条地发送执行则效率低，所以应采用 JDBC 的批处理机制去实现。方法是先创建 Statement 或 PreparedStatement 对象，然后使用 addBatch(sql)方法将需要执行的 SQL 命令（不包含 SELECT）添加到 SQL 命令列表中，最后使用 executeBatch()方法执行 SQL 命令列表，如果要清空 SQL 命令列表，可使用 clearBatch()方法。

例如，以下代码的功能是向诗词信息表中添加三条记录。

```
Statement stmt= conn.createStatement();
stmt.addBatch("insert into scInfo(title,info) values('标题', '内容 1')");
stmt.addBatch("insert into scInfo(title,info) values('标题', '内容 2')");
stmt.addBatch("insert into scInfo(title,info) values('标题', '内容 3')");
stmt.executeBatch();
```

以上代码是用 Statement 接口实现批量执行静态的 SQL 语句，还可以用 PreparedStatement 接口实现批量执行预定义模式的 SQL 语句，或者混合使用以上两种。下面设计一个用 addBatch()方法实现批量添加记录的实例，如例 10-8 所示。

【例 10-8】　用 addBatch()方法实现批量添加记录的实例，过程如下。

第 1 步，在当前项目的 ch10 包中新建名为 N108executeBatch.java 的 Servlet 文件，其代码如下。

```java
package ch10;
import java.io.*;
import java.sql.*;
import javax.servlet.ServletException;
import javax.servlet.http.*;
public class N108executeBatch extends HttpServlet {
    public void doGet(HttpServletRequest request,
        HttpServletResponse response)
        throws ServletException, IOException {
        response.setContentType("text/html;charset=utf-8");
        PrintWriter out = response.getWriter();
        Connection conn = N101DBConn.getConnection();
        PreparedStatement pStmt = null;
        ResultSet rs= null;
        int i=1;
        try {
            String sql = "insert into scInfo(title,content)
```

```
                values(?,?)";
        pStmt = conn.prepareStatement(sql);
        while(i<=3){
            pStmt.setString(1,"标题"+i);
            pStmt.setString(2,"内容"+i);
            pStmt.addBatch();
            i++;
        }
        pStmt.executeBatch();
        out.print("数据添加完成");
    } catch (SQLException e) {
        e.printStackTrace();
    }finally{
        N101DBConn.close(conn, pStmt, rs);
    }
    out.flush();
    out.close();
    }
    public void doPost(HttpServletRequest request,
        HttpServletResponse response)
        throws ServletException, IOException {
        this.doGet(request, response);
    }
}
```

第2步,测试以上代码。在浏览器中输入网址:

```
http://localhost/Web10jdbcTest/servlet/N108executeBatch
```

程序输出"数据添加完成"。

然后,在浏览器中输入例10-2的网址:

```
http://localhost/Web10jdbcTest/servlet/N102QueryTest
```

发现在 scInfo 表中添加了三行记录,实例运行结果如图10-25所示。

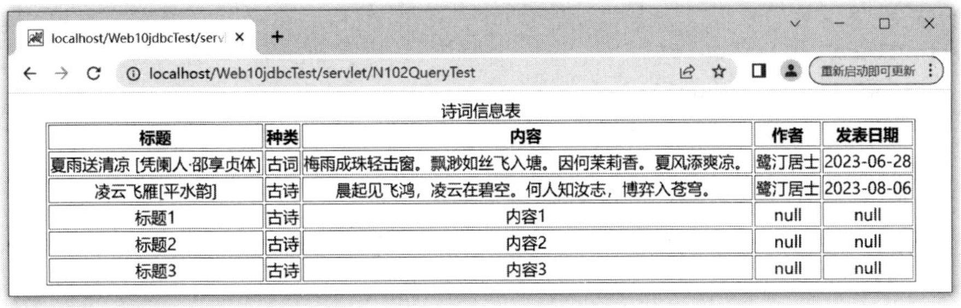

图 10-25　例 10-8 实例运行结果

10.5.7　综合实例

对数据表进行插入、删除、修改和查询等操作是数据库的常见操作,所以通常把以上功能放在一个类中，当需要进行插删改查时调用该类的相关函数。现在利用以上技术和 JavaBean 技术设计一个包含增删改查功能的数据库管理综合实例，如例 10-9 所示。

【例 10-9】 数据库管理综合实例，设计过程如下。

第 1 步，在当前项目的 ch10 包中新建用于保存诗词信息的 JavaBean 文件 N109scBean. java，其代码如下。

```java
package ch10;
import java.sql.Date;
public class N109scBean {
    private int id;
    private String title;
    private boolean type;
    private String content;
    private String author;
    private Date fbDate;
    public int getId() { return id; }
    public String getTitle() { return title; }
    public boolean getType() { return type; }
    public String getContent() { return content; }
    public String getAuthor() { return author; }
    public Date getDate() { return fbDate; }
    public void setId(int id) { this.id = id; }
    public void setTitle(String title) { this.title = title; }
    public void setType(boolean type) { this.type = type; }
    public void setContent(String content) { this.content = content; }
    public void setAuthor(String author) { this.author = author; }
    public void setDate(Date myday) { this.fbDate = myday; }
}
```

第 2 步，在当前项目的 ch10 包中新建包含增删改查函数的 Java 类文件 N109executeAll. java，其代码如下。

```java
package ch10;
import java.sql.*;
public class N109executeAll {
    Connection conn = null;
    PreparedStatement pStmt= null;
    String sql = "";
    //插入函数，将 N109scBean 对象插入诗词表
    public int insert(N109scBean sc) {
        int rowCount =0;
        ResultSet  rs= null;
        try {
            conn = N101DBConn.getConnection();
            sql = "insert into scInfo(title,type,content,author,
                fbDate) values(?,?,?,?,?)";
```

```
            pStmt = conn.prepareStatement(sql);
            pStmt.setString(1,sc.getTitle());
            pStmt.setBoolean(2,sc.getType());
            pStmt.setString(3,sc.getContent());
            pStmt.setString(4,sc.getAuthor());
            pStmt.setDate(5,sc.getDate());
            rowCount = pStmt.executeUpdate();
        }
    catch (SQLException e) {
        e.printStackTrace();
    }finally{
        N101DBConn.close(conn, pStmt, rs);
    }
    return rowCount;
}
//修改函数,用N109scBean对象修改诗词表中标题为title的记录
public int update(N109scBean sc,String title) {
    int rowCount =0;
    ResultSet  rs= null;
    try {
        conn = N101DBConn.getConnection();
        sql = "update scInfo set title=?,type=?,content=?,
            author=?, fbDate=? where title=? ";
        pStmt = conn.prepareStatement(sql);
        pStmt.setString(1,sc.getTitle());
        pStmt.setBoolean(2,sc.getType());
        pStmt.setString(3,sc.getContent());
        pStmt.setString(4,sc.getAuthor());
        pStmt.setDate(5,sc.getDate());
        pStmt.setString(6,title);
        rowCount = pStmt.executeUpdate();
    }
    catch (SQLException e) {
        e.printStackTrace();
    }finally{
        N101DBConn.close(conn, pStmt, rs);
    }
    return rowCount;
}
//删除函数,删除诗词表中标题为title的记录
public int delete(String title) {
    int rowCount =0;
    ResultSet  rs= null;
    try {
        conn = N101DBConn.getConnection();
```

```
            sql = "delete from scInfo where title = ? ";
            pStmt=conn.prepareStatement(sql);
            pStmt.setString(1,title);
            rowCount = pStmt.executeUpdate();
        }
        catch (SQLException e) {
            e.printStackTrace();
        }finally{
            N101DBConn.close(conn, pStmt, rs);
        }
        return rowCount;
    }
    //查找函数,查找诗词表中标题为 title 的记录
    public N109scBean find(String title) {
        N109scBean sc2=null;
        ResultSet   rs= null;
        try {
            conn = N101DBConn.getConnection();
            sql = "select * from scInfo where title=? ";
            pStmt=conn.prepareStatement(sql);
            pStmt.setString(1,title);
            rs= pStmt.executeQuery();
            rs.next();                              //移动游标到查询结果的第一行
            sc2 = new N109scBean();
            //将查询结果保存在 N109scBean 对象中
            sc2.setId(rs.getInt("id"));
            sc2.setTitle(rs.getString("title"));
            sc2.setType(rs.getBoolean("type"));
            sc2.setContent(rs.getString("content"));
            sc2.setAuthor(rs.getString("author"));
            sc2.setDate(rs.getDate("fbDate"));
        }
        catch (SQLException e) {
            e.printStackTrace();
        }finally{
            N101DBConn.close(conn, pStmt, rs);
        }
        return sc2;                                 //返回查询结果
    }
}
```

第 3 步,在 ch10 包中新建 N109executeTest.java 文件,用于测试以上代码的增删改查功能,其 Servlet 代码如下。

```
package ch10;
import java.io.*;
```

```java
import javax.servlet.ServletException;
import javax.servlet.http.*;
import java.sql.Date;
public class N109executeTest extends HttpServlet {
    private static final long serialVersionUID = 1L;
    public void doGet(HttpServletRequest request,
        HttpServletResponse response)
        throws ServletException, IOException {
        response.setContentType("text/html;charset=utf-8");
        PrintWriter out = response.getWriter();
        N109executeAll exec = new N109executeAll();
        N109scBean sc =new N109scBean();
        //以下代码是插入测试
        sc.setTitle("野花 [七绝·平水韵]");
         sc.setType(false);
        sc.setContent("野花玉立草中央,日晒风吹雨洗刚。
                        绽放何须游客看,幽隅随性溢芬芳。");
        sc.setAuthor("鹭汀居士");
        sc.setDate(Date.valueOf("2022-08-18"));
        int n=exec.insert(sc);                          //调用插入函数
        out.print("scInfo表中添加了"+n+"行。<br>");
        //以下代码是更新测试
        sc.setTitle("山村户外夜宿记忆 [七绝·新韵]");
        sc.setType(true);
        sc.setContent("月上林梢山鸟啼,虫吟蛙鼓闹筠溪。
                        流萤闪烁风拂面,销夏竹席蝶梦迷。");
        sc.setAuthor("鹭汀居士");
        sc.setDate(Date.valueOf("2023-07-01"));
        n=exec.update(sc,"标题1");                      //调用更新函数
        out.print("scInfo表中修改了"+n+"行。<br>");
        //以下代码是删除测试
        n=exec.delete("标题2");                         //调用删除函数
        out.print("scInfo表中删除了"+n+"行。<br>");
        //以下代码是查询测试
        sc = exec.find("野花 [七绝·平水韵]");          //调用查询函数
        out.print("野花 [七绝·平水韵]的作者是:" + sc.getAuthor());
        out.flush();
        out.close();
    }
    public void doPost(HttpServletRequest request,
        HttpServletResponse response)
        throws ServletException, IOException {
        this.doGet(request, response);
    }
}
```

第 4 步,测试以上代码。在浏览器中输入网址:

http://localhost/Web10jdbcTest/servlet/N109executeTest

Servlet 的运行结果如图 10-26 所示。

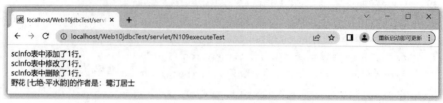

图 10-26   例 10-9 Servlet 的运行结果

然后,在浏览器中输入例 10-2 的网址,查看处理后的表内容:

http://localhost/Web10jdbcTest/servlet/N102QueryTest

发现在 scInfo 表中实现了以上添删改操作,测试结果如图 10-27 所示。

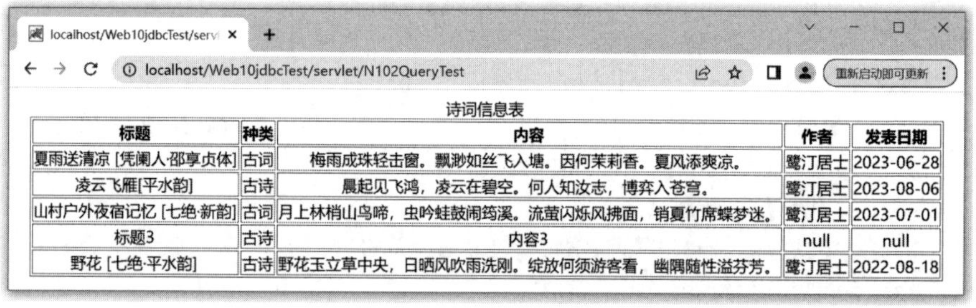

图 10-27   测试结果

10.6   本章小结

本章主要介绍了 MySQL 开发平台的搭建、JDBC 的基本功能、JDBC 的常用 API,以及如何使用 JDBC 实现对数据表的增删改查功能。通过本章的讲解,读者可熟练掌握 JDBC 操作数据库的基本步骤和程序设计方法。

10.7   实验指导

1. 实验名称

JDBC 的增删改查功能实现。

2. 实验目的

(1) 了解 JDBC 的基本功能。

(2) 掌握 JDBC 的常用 API。

(3) 学会用 JDBC 进行数据库编程。

3. 实验内容

(1) 设计一个包含数据库查询功能的实例。

（2）设计一个包含数据库增删改功能的实例。

10.8　课后练习

一、判断题

1. JDBC 的全称是 Java 数据库连接，它是一套用于执行 HTML 语句的 Java API。

（　　）

2. 用 DriverManager.registerDriver 进行驱动注册时，数据库驱动会被注册两次。

（　　）

3. 数据库服务与 Web 服务器需要放在同一台计算机上。　　　　　（　　）

4. JDBC 的 URL 字符串是由驱动程序编写者提供，并非由驱动程序的使用者指定。

（　　）

5. JDBC 可以加载不同数据库的驱动程序，使用相应的参数可以建立与各种数据库的连接。　　　　　　　　　　　　　　　　　　　　　　　　　　（　　）

6. 使用数据库连接池需要烦琐的配置，一般不宜使用。　　　　　（　　）

7. 对于相同的 SQL 语句，Statement 对象只会对其编译执行一次。　　（　　）

8. 使用 getInt()方法可获取 int 类型的字段值。　　　　　　　　（　　）

二、名词解释

1. MySQL　　　　　　　　　　　　　2. JDBC

3. DriverManager　　　　　　　　　　4. 数据库连接池

三、填空题

1. JDBC 包含两个层次，一个是面向_____的 JDBC API，另一个是面向数据库厂商的 JDBC Drive API。

2. JDBC 的总体结构由_____、_____、_____和数据源 4 个组件构成。

3. 使用 JDBC 前需要导入_____包。

4. DriverManager 类的主要功能是管理数据库_____和创建_____。

5. Connection 对象主要功能是_____和_____。

6. Statement 接口主要功能是_____，它的子接口是_____接口。

7. CallableStatement 是_____接口的子接口，用于_____。

8. _____接口用于保存 JDBC 执行 SQL 查询语句时返回的结果集。

9. 事务处理技术包括_____和数据更新。

10. 方法 Class.forName()的作用是返回一个_____的类对象。

四、简答题

1. 简述 JDBC 数据库编程步骤。

2. 在 JDBC 编程时为什么要养成经常释放连接的习惯？

3. 简述 Statement 和 PreparedStatement 的差别。

4. 简述 DriverManager 和 DataSource 管理数据库连接的区别。

5. 请思考数据库连接池的工作机制是什么？

五、程序填空题

1. 以下代码的功能是测试数据库的连接与关闭,请按要求填写下画线部分的代码。

```java
public void myConnCloseTest() {
    try {
        String driver="com.mysql.jdbc.Driver";
        Class.___①___;                                    //装载驱动程序
        String url ="jdbc:mysql://localhost:3306/stuData";
        Connection conn = DriverManager.___②___;          //获取连接
        System.out.println("连接数据库成功!");
        if (conn != null){
            conn.___③___;                                 //关闭连接
            System.out.println("数据库连接关闭。");
        }
    } catch (SQLException ex) {
        ex.printStackTrace();
        return null;
    }
}
```

2. 以下代码的功能是控制游标随机访问 student 表中的记录,输出学号和姓名,请按要求填写下画线部分的代码。

```java
String url ="jdbc:mysql://localhost:3306/stuData";
Connection conn = DriverManager.getConnection(url,"root","root");
Statement  stmt= conn.createStatement(ResultSet.TYPE_SCROLL_INSENSITIVE,
        ResultSet.CONCUR_READ_ONLY);
String sql = "select no,name from student";
ResultSet rs= stmt.executeQuery(sql);
rs.___①___;                                              //将游标移到最后一行
out.print("<br>学号:"+rs.getString("no")+",姓名:"+rs.getString("name"));
rs.___②___;                                              //将游标移到下一行
out.print("<br>学号:"+rs.getString("no")+",姓名:"+rs.getString("name"));
rs.___③___;                                              //将游标移到第一行
out.print("<br>学号:"+rs.getString("no")+",姓名:"+rs.getString("name"));
rs.___④___;                                              //将游标移到第二行
out.print("<br>学号:"+rs.getString("no")+",姓名:"+ rs.getString("name"));
```

3. 以下代码的功能是调用 getNameByNo(?,?)存储过程,通过学号查找学生信息表中的 name 信息,其中,第二个参数用于保存查询结果,请按要求填写下画线部分的代码。

```java
String url ="jdbc:mysql://localhost:3306/stuData";
Connection conn = DriverManager.getConnection(url,"root","root");
String sql = "{___①___}";                                //调用存储过程
CallableStatement  cstmt = conn.prepareCall(sql);
cstmt.setString(1,"202201");
cstmt.___②___;                                           //注册 OUT 参数
```

```
cstmt.execute();
String name =    ③    ;                          //提取输出结果
out.print("学号等于"+no+"的学生是:"+name);
```

六、程序分析题

1. 简述以下代码的功能。

```
String url ="jdbc:mysql://localhost:3306/stuData";
Connection conn = DriverManager.getConnection(url,"root","root");
Statement stmt= conn.createStatement();
    String sql = "select no,name,sex,birthday from student";
    ResultSet rs= stmt.executeQuery(sql);
    String no,name,sexStr;
    Boolean sex;
    Date birthday;
    out.print("<table border='1' align='center'>");
    out.print("<caption>学生信息表</caption>");
    out.print("<tr>");
    out.print("<th align='center'>学号</th>");
    out.print("<th align='center'>姓名</th>");
    out.print("<th align='center'>性别</th>");
    out.print("<th align='center'>生日</th>");
    out.print("</tr>");
    while(rs.next()){
        no = rs.getString("no");
        name = rs.getString("name");
        sex = rs.getBoolean("sex");
        if(sex){  sexStr = "男"; }
        else{  sexStr = "女";   }
        birthday = rs.getDate("birthday");
        out.print("<tr>");
        out.print("<td align='center'>"+no+"</td>");
        out.print("<td align='center'>"+name+"</td>");
        out.print("<td align='center'>"+sexStr+"</td>");
        out.print("<td align='center'>"+birthday+"</td>");
        out.print("</tr>");
    }
out.print("</table>");
```

2. 已知 Stu 类中包含 no 和 name 属性, DBConn 类中包含获取连接和关闭连接的方法, 简述以下代码的功能。

```
public int insert(Stu myStu) {
    int rowCount =0;
    try {
        Connection conn = DBConn.getConnection();
        String sql = "insert into student(no,name) values(?,?)";
        PreparedStatement pStmt = conn.prepareStatement(sql);
```

```
        pStmt.setString(1,myStu.getNo());
        pStmt.setString(2,myStu.getName());
        rowCount = pStmt.executeUpdate();
    }
    catch (SQLException e) {
        e.printStackTrace();
    }finally{
        DBConn.close(conn, pStmt, rs);
    }
    return rowCount;
}
```

3. 简述以下代码的功能。

```
String url ="jdbc:mysql://localhost:3306/stuData";
Connection conn = DriverManager.getConnection(url,"root","root");
String sql = "update student set name=? where no=? ";
PreparedStatement pStmt = conn.prepareStatement(sql);
pStmt.setString(1,"ZhangSan");
pStmt.setString(2,"202201");
int rowCount = pStmt.executeUpdate();
```

4. 简述以下代码的功能。

```
CREATE  PROCEDURE getNameByNo(IN `cno` varchar(10),OUT `cname` varchar(10))
BEGIN
    select name into cname from student where no=cno;
END
```

5. 简述以下代码的功能。

```
String url ="jdbc:mysql://localhost:3306/stuData";
String sql = "insert into student(no,name) values(?,?)";
Connection conn = DriverManager.getConnection(url,"root","root");
PreparedStatement pStmt = conn.prepareStatement(sql);
int i=1;
while(i<=10){
    pStmt.setString(1,"20220"+i);
    pStmt.setString(2,"黄"+i);
    pStmt.addBatch();
    i++;
}
pStmt.executeBatch();
```

七、程序设计题

1. 设计一个程序查询 student 表中的学号(no)和姓名(name),并且显示出来。

2. 编程向 student 表中插入一条包含学号和姓名的记录。

3. 用 PreparedStatement 接口实现删除 student 表中学号为 202202 的学生记录,写出其关键代码。

第11章
Web设计模式与项目案例

📖**本章学习目标：**
- 能正确说明 MVC 设计模式的构成与工作原理。
- 能正确进行需求分析、系统概要设计与详细设计。
- 能正确描述 Web 综合项目的开发流程。
- 能熟练进行数据库设计、项目编码与调试发布。

📖**主要知识点：**
- MVC 设计模式工作原理。
- 需求分析、系统概要设计与详细设计。
- 数据库设计与项目编码。
- Web 项目的调试与发布。

📖**思想引领：**
- 介绍综合项目开发过程中团队合作的重要性。
- 塑造学生求真、务实、敬业、创新的职业素养。
- 增强学生科技强国的责任感与使命感。

古诗词是中国文化的瑰宝，深受国人的喜爱。随着 Internet 的飞速发展和 Web 应用的普及，喜欢网上看诗和写诗的用户越来越多，很多网上著名平台都推出了相关栏目，也出现了一些比较好的专门网站。本章以诗词网站的设计为例，介绍如何采用 MVC 设计模型，开发一个方便用户线上查看和发表古诗词的网站，目的是让学生掌握 Web 项目开发的基本流程，学会综合应用前面介绍的相关知识进行综合项目的设计与开发。

11.1　Web 设计模式

为了有利于开发过程的分工，降低程序结构的耦合性，有利于代码的重用，Web 项目开发通常采用分层模式，它可以将项目组件分隔到不同的层中，实现内部的无损替换。早期的 Web 开发主要使用 JSP 设计模式，后来使用比较多的是 MVC 设计模式，下面分别介绍它们的构成和特点。

11.1.1　JSP 设计模式

该模式的提出是为了在 Web 开发中更加方便使用 JSP 技术，当初 Sun 公司为 JSP 技术提供了以下两种 JSP 设计模式。

1. JSP Model1

该模式采用 JSP+JavaBean 的技术。其处理过程是:JSP 接收浏览器发出的请求,然后将请求数据提交给 JavaBean 处理;JavaBean 连接数据库并且通过 JDBC 操作数据库,然后将数据结果返回给 JSP;JSP 将数据结果在浏览器中显示。该模式将页面显示和业务逻辑分开,JSP 负责流程控制和页面显示,JavaBean 负责数据封装和业务逻辑,其优缺点如下。

优点:简单轻便,对开发人员要求不高,适合小型 Web 项目的快速开发。

缺点:不适合比较复杂的 Web 项目,且流程控制和页面显示都在 JSP 中完成,不便于后期项目的维护与升级。

Jsp Model1 的模块关系如图 11-1 所示。

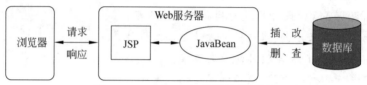

图 11-1　JSP Model1 的模块关系图

2. JSP Model2

该模式采用 JSP+JavaBean+Servlet 的技术,即在 Jsp Model1 模式的基础上添加了 Servlet 技术,此技术将原本 JSP 页面中的流程控制代码提取出来,封装到 Servlet 中,从而实现了页面显示、流程控制和业务逻辑的分离。其处理过程是:Servlet 接收浏览器发出的请求,然后将请求数据提交给 JavaBean 处理;JavaBean 连接数据库并且通过 JDBC 操作数据库;Servlet 将 JavaBean 返回的数据结果传给 JSP,JSP 将数据结果在浏览器中显示。其优缺点如下。

优点:分层更清晰明显,便于开发人员分工合作,适合比较复杂的项目开发,也方便后期代码的维护与升级。

缺点:开发难度比较大,对开发人员的要求较高。

JSP Model2 的模块关系如图 11-2 所示。

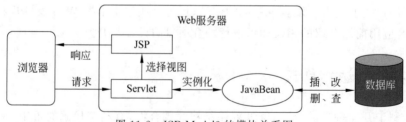

图 11-2　JSP Model2 的模块关系图

11.1.2　MVC 设计模式

该模式将软件代码根据功能分为模型(Model)、视图(View)和控制器(Controller)三个核心模块。其中,模型(Model)负责管理应用程序的业务数据、定义访问控制以及修改这些数据的业务规则,相当于 JSP Model2 模式的 JavaBean;视图(View)负责与用户进行交互,它将控制器从模型中获取的数据向用户展示,同时也能将用户的请求传递给控制器进行处理,相当于 JSP Model2 模式的 JSP;控制器(Controller)负责控制用户交互,它接收用户从视图传递过来的请求,然后调用模型组件进行处理,最后将模型的处理结果交给视图显示,相当于 JSP Model2 模式的 Servlet。该模式具有耦合性低、代码重用性高、网站部署快、开发周期短、开发成本低、可维护性高等优点。MVC 的模块关系如图 11-3 所示。

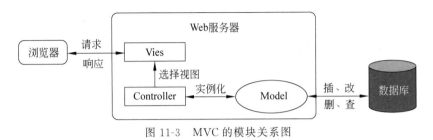

图 11-3　MVC 的模块关系图

11.2　Web 项目开发

　　掌握了 Web 设计模式,现在来学习 Web 项目开发的基本流程。如果没有正确的软件工程思想和合理的设计模式,软件设计会存在开发成本高、开发进度难以控制、软件质量差、软件维护困难等缺点。产生以上软件危机的原因是用户需求不明确、缺乏正确的理论指导、软件规模比较大、软件复杂度比较高等,所以 Web 软件开发必须采用工程化的开发方法与工业化的生产技术,下面介绍其关键步骤。

11.2.1　需求分析

　　需求分析是软件生存周期中的一个重要环节,它是软件计划阶段的重要活动。该阶段要求软件开发人员深入细致地分析和调研系统,准确理解用户对项目的功能、性能、可靠性等方面具体要求,并且将用户非形式的需求表述转换为完整的需求定义,从而确定系统必须做什么。当然,该阶段不考虑如何去做。通常用“用例图”来描述用户对项目的需求,该图能准确显示谁是关联用户、用户希望系统提供什么服务以及用户需要为系统提供什么数据,即描述参与者、用例以及它们之间的关系。参与者是与系统接口的角色,它们处于系统的外部,可以是人,也可以是外部系统或设备。用例是对系统行为的动态描述,即做什么。参与者或者用例之间通常包含关联、包含、扩展和泛化等关系,通常使用 UML 的用例图来描述需求。例如,诗词网站的用例图如图 11-4 所示。

11.2.2　系统概要设计

　　需求分析完成后,可以进行系统概要设计,该阶段负责描绘软件的总体概貌,是软件需求转换为软件表示的过程,主要包含功能模块图或系统总体结构图等逻辑模型的设计。例如,诗词网站主要包含作者功能模块和管理员功能模块,诗词网站的功能模块图如图 11-5 所示。

11.2.3　系统详细设计

　　系统详细设计包含系统界面设计和功能模块的详细设计,通常用活动图设计和时序图

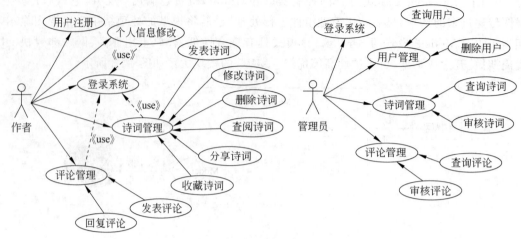

图 11-4　诗词网站的用例图

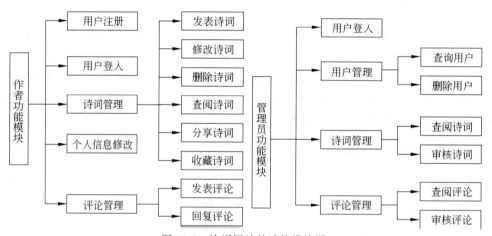

图 11-5　诗词网站的功能模块图

来描述系统各个功能模块。下面以诗词网站为例,分别介绍。

1. 系统界面设计

界面用于用户与系统进行直接交互,一个直观、简洁、易用的用户界面可以帮助用户快速找到需要的功能,所以其设计非常重要。设计时主要考虑界面是否美观、交互是否方便、信息更新周期是否短等特点,它属于 MVC 设计模式的视图(View)部分的开发。界面设计用 HTML、XML、CSS、JavaScript 等编程语言实现,当然也可以使用 Dreamweaver 网页制作工具来设计,用 Photoshop 进行图片处理,用 Flash 进行动画设计。例如,诗词网站的主页布局图可以设计为如图 11-6 所示的效果。

其中,头部(header)可以包含公司图标、网站导航条和搜索表单;尾部(footer)可以包含网站的版权信息;左部(left)可以包含诗词的分类菜单和目录信息;右部(right)可以包含用户登录表单以及其他补充信息。布局代码如下。

```
<frameset rows="20%,*,10%">
    <!-- 头部框架 -->
```

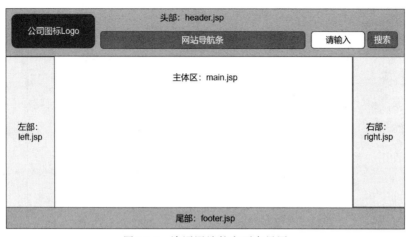

图 11-6　诗词网站的主页布局图

```
<frame src="frame/header.html" noresize="noresize">
<!-- 中间框架 -->
<frameset cols="15%,*,15%">
    <!-- 左部框架 -->
    <frame src="frame/left.html">
    <!-- 主体框架,框架名为 content -->
    <frame src="frame/main.html" name="content">
    <!-- 右部框架 -->
    <frame src="frame/right.html">
</frameset>
<!-- 尾部框架 -->
<frame src="frame/footer.html">
</frameset>
</html>
```

2. 系统活动图设计

活动图是一种描述系统行为的图,它用于展现参与行为的类所进行的各种活动的顺序关系,属于 MVC 设计模式的控制器(Controller)部分,用于网站的后台设计。好的网站后台可以提高系统的工作效率,并且具有功能丰富、安全性好、扩展灵活等优点。例如,在诗词网站中,作者进行诗词管理的活动图如图 11-7 所示。

在诗词网中,管理员进行网站管理的活动图如图 11-8 所示。

3. 系统时序图设计

时序图用于描述对象之间传送消息的时间顺序,它是强调消息时间顺序的交互图,用二维图来描述,横轴代表了在协作中的各独立对象,纵轴是时间轴,时间沿竖线向下延伸,描述动作的时间顺序。时序图可以进一步详细描述类中某个活动的具体实现过程,如活动图 11-7 中的"发表诗词"活动可以用图 11-9 的作者发表诗词的时序图表示。

11.2.4　数据库设计

网站的数据库设计的主要内容包括需求分析、概念结构设计、逻辑结构设计、物理结

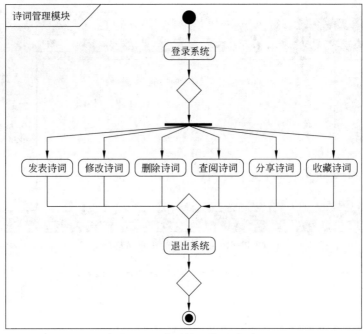

图 11-7　诗词管理的活动图

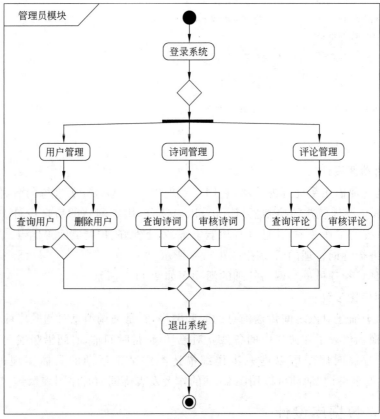

图 11-8　网站管理的活动图

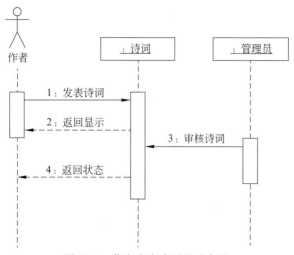

图 11-9 作者发表诗词的时序图

构设计、数据库的实施等内容。其中,需求分析生成数据字典和数据流图;概念结构设计产生概念模型,即 E-R 图;逻辑结构设计将 E-R 图转为关系模型,即数据表;物理结构设计为数据库选择合适的存储结构和存取方法;数据库的实施包括编程、运行与维护。可以用 MVC 设计模式的模型(Model)来管理数据库中保存的业务数据,并且定义访问控制以及修改这些数据的业务规则。下面以诗词网站数据库为例,介绍 E-R 图和数据表的设计。

1. 诗词网站的 E-R 模型

经过需求分析,可以确定诗词网站中的用户主要包含作者和管理员,它们包含账号、密码、姓名、性别、角色、手机号、邮箱和个人简介等信息。诗词包含标题、种类、内容、作者和发表日期等信息,用户可以查看诗词信息。因此,诗词网站的 E-R 图如图 11-10 所示。

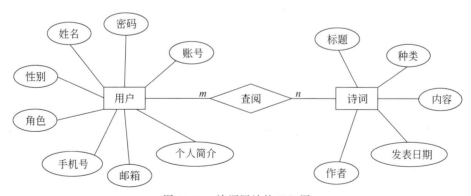

图 11-10 诗词网站的 E-R 图

2. 诗词网站的关键表格

E-R 图设计完成,下一步是将 E-R 图转为关系模型(数据表),即进行逻辑结构设计。图 11-10 中包含的信息可以生成用户信息表 userInfo 和诗词信息表 scInfo。其中,用户信息表 userInfo 包含"作者"和"管理员"两种角色信息,其数据结构如表 11-1 所示。

表 11-1　用户信息表 userInfo 的数据结构

字　　段	描　　述	类　　型	主　外　键	是　否　空
id	ID	int(10)	主键	非空
account	账号	varchar(20)		非空
password	密码	varchar(20)		非空
name	姓名	varchar(20)		非空
sexy	性别	tinyint(1)		
role	角色	tinyint(1)		
phone	手机号码	varchar(20)		
email	电子邮箱	varchar(30)		
resume	个人介绍	varchar(100)		

注释：表 11-1 中的"角色"分为"作者"和"管理员"两种。

诗词信息表 scInfo 的数据结构如表 11-2 所示。

表 11-2　诗词信息表 scInfo 的数据结构

字　　段	描　　述	类　　型	主　外　键	是　否　空
id	ID	int(10)	主键	非空
title	标题	varchar(30)		非空
type	种类	tinyint(1)		非空
content	内容	varchar(100)		
author	作者	varchar(10)		
fbDate	发表日期	date		

数据库的物理结构设计属于物理设备层的设计,包含存储结构设计、存取方法设计、存取路径选择、系统配置参数的设计等内容,本系统选定的 RDBMS(关系数据库管理系统)是 MySQL 数据库,详细知识参考第 10 章中介绍的内容,这里不重复讲解。

11.3　项目编码与调试发布

项目的编码主要用于网站后台的运营和管理,其好坏直接影响网站的工作效率、安全性与可靠性,属于 MVC 设计模式的控制器(Controller)和模型(Model)设计部分,主要用到 JSP、EL、JSTL、Servlet、JavaBean 和 JDBC 等技术。

11.3.1　项目的编码

在前面的设计阶段,已经完成各个模块的活动图和时序图的设计,并且建立了数据库的物理结构,现在可以把它们转为 Web 的控制代码和 JavaBean 模型,它们属于项目的编码的工作。由于一个网站的代码比较多,这里不一一列出,读者可以参考前面各章中的实例进行编码。

11.3.2　调试和发布

完成项目的编码后可以进行代码的调试和 Web 项目的发布。

1. 代码的调试

代码的调试是发现和改正程序错误的一个过程，它通过对程序代码进行分析，找出并修正代码中潜在的问题。其目的是提高程序的可靠性，它是保证软件质量和节约程序开发成本的重要途径。代码调试分为编译器调试和运行时调试两种。其中，编译器调试在代码编译过程中进行，只是进行简单的语法检查，编译器自身基本可以完成，所以运行时调试才是调试工作的重点。运行时调试是在程序运行过程中对程序进行检查，包括单元测试、控制流分析、交互式调试、集成测试、日志文件分析、内存分析等内容，可以采用单步执行、断点条件设置、异常断点、程序跟踪、远程调试等技术来实现。在测试前要设计好相关测试用例，测试用例包含合理数据和不合理数据，如果找到潜在的 Bug，要及时解决。

2. 项目的发布

Web 项目的发布可以参考第 2 章中介绍的 Web 虚拟目录与项目发布的相关知识来实现，这里不重复介绍。

11.4　本章小结

本章主要讲解了 Web 常见设计模式的工作原理，并且通过案例介绍了 Web 项目开发的基本流程。本章用到的诗词网站案例是前面各章实例的完整实现，它可以作为 Web 项目开发和毕业设计的参考模型。

图书资源支持

感谢您一直以来对清华版图书的支持和爱护。为了配合本书的使用，本书提供配套的资源，有需求的读者请扫描下方的"书圈"微信公众号二维码，在图书专区下载，也可以拨打电话或发送电子邮件咨询。

如果您在使用本书的过程中遇到了什么问题，或者有相关图书出版计划，也请您发邮件告诉我们，以便我们更好地为您服务。

我们的联系方式：

清华大学出版社计算机与信息分社网站：https://www.shuimushuhui.com/

地　　址：北京市海淀区双清路学研大厦 A 座 714

邮　　编：100084

电　　话：010-83470236　010-83470237

客服邮箱：2301891038@qq.com

QQ：2301891038（请写明您的单位和姓名）

资源下载：关注公众号"书圈"下载配套资源。

资源下载、样书申请

书圈

图书案例

清华计算机学堂

观看课程直播